轻松学 SolidWorks 机械设计
——从入门到精通

冯桂辰　崔素华　程玮燕　编著

U0251315

科学出版社

北京

内 容 简 介

本书以SolidWorks2012版本为基础，采用通俗易懂、循序渐进的方法讲解SolidWorks2012的基本内容和操作步骤。全书共15章，内容包括：SolidWorks软件的基础知识、草图绘制、基本形体的建模和在零件表面上书写文字的方法、附加特征和特征操作、组合体建模、机件的剖切配置、典型零件建模，工程视图以及装配体。典型例题丰富，操作步骤详细，适合初学者学习。各章后面附有思考与练习，可供读者加强练习。

随书配有教学光盘一张，包括书中所有素材和结果源文件、所有实例制作过程的视频文件。由作者亲自配音全程讲解，可帮助读者轻松地学习本书。

本书适合SolidWorks的初中级用户，可作为理工科高等院校相关专业的学生用书和CAD专业课程实训教材、技术培训教材，也可供工业企业的工程技术人员参考。

图书在版编目（CIP）数据

轻松学SolidWorks机械设计：从入门到精通/冯桂辰，崔素华，程玮燕编著.—北京：科学出版社，2016.1
　　ISBN 978-7-03-045917-6

Ⅰ.轻… Ⅱ.①冯… ②崔… ③程… Ⅲ.机械设计–计算机辅助设计–应用软件 Ⅳ.TH122

中国版本图书馆CIP数据核字（2015）第238413号

责任编辑：张莉莉 杨 凯 / 责任制作：魏 谨
责任印制：赵 博 / 封面设计：铭轩堂
北京东方科龙图文有限公司 制作
http://www.okbook.com.cn

科 学 出 版 社 出版
北京东黄城根北街16号
邮政编码：100717
http://www.sciencep.com
新科印刷有限公司 印刷
科学出版社发行 各地新华书店经销

*

2016年1月第 一 版　　开本：787×1092 1/16
2016年1月第一次印刷　　印张：18
印数：1—3 000　　字数：390 000

定价：69.80元（附配套光盘）

（如有印装质量问题，我社负责调换）

前　言

　　SolidWorks 软件是世界上第一个基于 Windows 开发的三维 CAD 系统，是一个基于特征的参数化实体建模设计工具，它功能强大，集零件造型、装配体造型和自动生成二维工程图等功能于一体。它用户界面友好，操作简单方便、易学易用。这使得SolidWorks 成为领先的、主流的三维 CAD 解决方案。

　　本书以 SolidWorks2012 版本为基础，采用通俗易懂、循序渐进的方法讲解SolidWorks2012 的基本内容和操作步骤。全书共分为 15 章。第 1 章介绍 SolidWorks 软件的基础知识；第 2 章介绍草图绘制；第 3～8 章介绍基本形体的建模方法；第 9 章介绍在零件表面上书写文字的方法；第 10 章介绍附加特征和特征操作；第 11 章介绍组合体建模；第 12 章介绍机件的剖切配置；第 13 章介绍典型零件建模；第 14 章介绍工程视图；第 15 章介绍装配体。

　　本书有大量典型的例题，操作步骤详细，适合初学者学习。各章后面有习题，可供读者运用所学内容加强练习。

　　随书配送多媒体教学光盘一张，盘中主要内容包含两部分：书中所有素材和结果源文件；书中所有实例制作过程的视频文件。多媒体教学文件有作者亲自配音全程讲解，可帮助读者轻松地学习本书。

　　本书适合 SolidWorks 的初中级用户，可以作为理工科高等院校相关专业的学生用书和 CAD 专业课程实训教材、技术培训教材，也可供工业企业的工程技术人员参考。

　　本书由河北科技大学冯桂辰、崔素华、程玮燕编写。由于作者水平有限，有不当之处，望广大读者批评指正，作者将不胜感谢。

目　录

第 1 章　SolidWorks 的基础知识

第 2 章　草图绘制

第 3 章 拉伸——棱柱建模

第 15 章　装配体

第1章

SolidWorks 的基础知识

    SolidWorks 软件是世界上第一个基于 Windows 开发的三维 CAD 系统,是一个基于特征的参数化实体建模软件,它功能强大,集零件造型、装配体造型和自动生成二维工程图等功能于一体。它的用户界面友好,操作简单方便、易学易用。这使得 SolidWorks 成为领先的、主流的三维 CAD 解决方案。

1.1 启动 SolidWorks

    一般用三种方法启动 SolidWorks。

    利用桌面快捷方式启动:安装 SolidWorks 时,系统会创建它的桌面快捷方式,双击此快捷方式图标可以启动 SolidWorks。

    利用快速启动栏启动:安装 SolidWorks 时,系统也会在快速启动栏创建它的启动命令,单击此快速启动栏里的程序可以启动 SolidWorks。

    从"开始"菜单启动:选择"开始">"程序">"SolidWorks 2012",在弹出的子菜单中选择"SolidWorks 2012"程序。

1.2 SolidWorks 用户界面

1.2.1 启动画面

    启动 SolidWorks 时,首先打开的是软件的启动画面,它包含了软件的名称、版本等相关内容,如图 1.1 所示。

1.2.2 初始界面

    启动 SolidWorks 后的初始界面如图 1.2 所示。它包括:菜单栏、工具栏、SolidWorks 资源、设计库、文件探索器、在线资源和提示信息板等。

    默认情况下,菜单栏是隐藏的,只显示标准工具栏中一组最常用的工具按钮,如图 1.3 所示。

图 1.1　启动画面

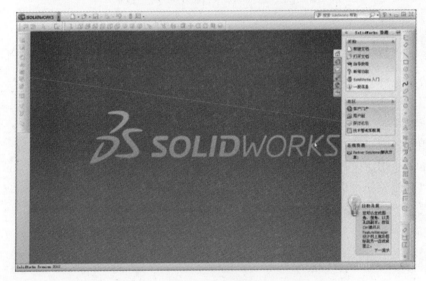

图 1.2　初始界面

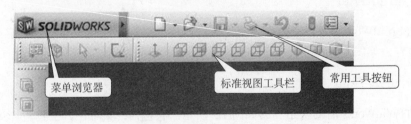

图 1.3　菜单栏和工具栏

　　当把鼠标放置到左上角的"SolidWorks"上时，显示出菜单栏，如图 1.4 所示。若要始终保持菜单栏可见，单击菜单栏右侧的 📌。此时菜单栏和标准工具栏的常用按钮同时显示，如图 1.5 所示。SolidWorks 资源、设计库、文件探索器、视图调色板以及外观、布景和贴图等如图 1.6 所示。

图 1.4 菜单栏

图 1.5 菜单栏和标准工具栏常用按钮

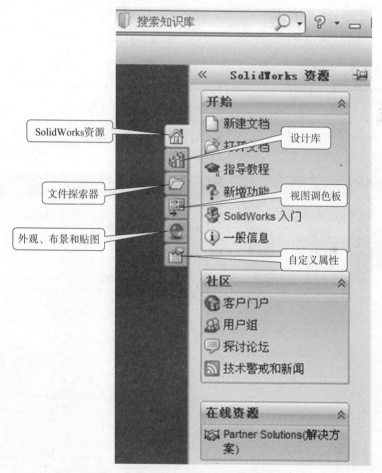

图 1.6 SolidWorks 资源和设计库等

1.2.3 新建文件

在初始界面上单击"新建"按钮▢，或选择"文件"菜单里的"新建"命令，系统打开"新建 SolidWorks 文件"对话框，如图 1.7 所示。它有三个选项按钮，选择后可以分别新建 SolidWorks 零件、装配体和工程图文件。

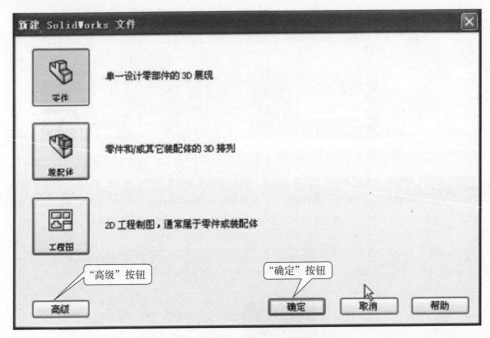

图 1.7 "新建 SolidWorks 文件"对话框

"新建 SolidWorks 文件"对话框的另一个版本是"高级"界面，单击图 1.7 中的"高级"按钮，显示结果如图 1.8 所示。

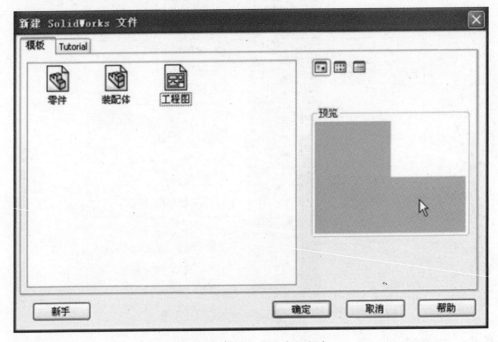

图 1.8 新建文件的高级版本

1.2.4 "零件"文件用户界面

单击图 1.7 中的"零件"图标，然后单击"确定"按钮，系统进入创建"零件"文件的用户界面，如图 1.9 所示。

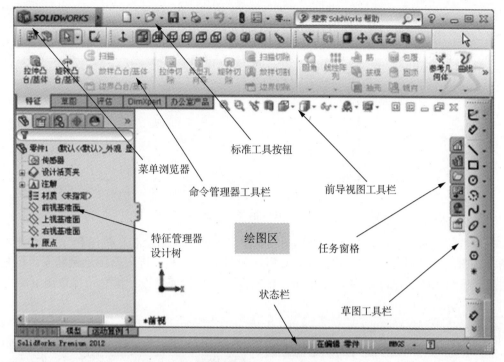

图 1.9　创建零件文件的用户界面

1.3　创建第一个零件模型

1.3.1　创建零件模型的步骤

在 SolidWorks 中创建零件模型一般遵循如下的步骤：

（1）选择绘制草图平面（可为基准面或已存在的实体平面）。

（2）绘制草图（先绘制大致形状，然后添加几何关系和标注尺寸）。

（3）应用特征（拉伸、旋转、扫描、放样）命令，生成零件模型。

1.3.2　创建第一个零件模型

我们以创建"三角板"模型为例，来说明 SolidWorks 的建模过程。

1. 新建零件文件

单击第一行菜单栏里的"新建"按钮 ⬜，系统打开"新建 SolidWorks 文件"对话框，在对话框中单击"零件"图标，单击"确定"按钮 ⬚确定⬚，进入如图 1.9 所示的创建零件文件界面。

2. 选择基准面，进入草图绘制

将光标放置到左侧特征管理器（FeatureManager）设计树中的"前视基准面"上（不要单击），绘图区显示一个浅红色的矩形框，这就是前视基准面框格。移走光标后，矩形框消失。

在左侧特征管理器设计树中，单击"前视基准面"，即选择"前视基准面"，屏幕绘

图区显示"前视基准面"蓝色矩形框，如图 1.10 所示。此矩形框大小是可调的，位置是可移动的，它只是告诉你在这个基准面上绘制草图，鼠标在图形区单击，此框消失。

图 1.10　前视基准面

　　单击前视基准面后，再单击"草图"选项卡上的"草图绘制"按钮，或单击右侧"草图"工具栏上的"草图绘制"按钮，如图 1.11 所示，进入草图绘制状态，屏幕图形区显示草图原点，如图 1.12 所示。此时左侧特征管理器设计树显示"草图 1"，如图 1.13 所示。

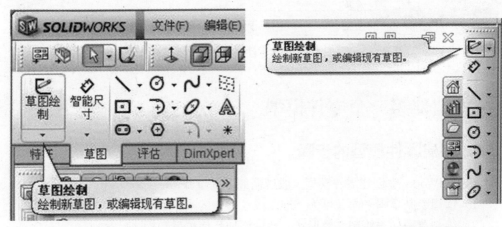

(a)"草图"选项卡上的草图绘制按钮　　　　　　　(b)"草图"工具栏上的草图绘制按钮

图 1.11　选择草图绘制命令

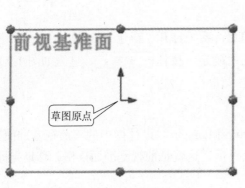

图 1.12　草图绘制的基准面

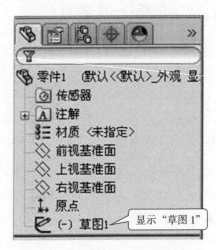

图 1.13　特征管理器设计树显示草图 1

3. 绘制草图

（1）绘制草图大致形状。

单击"草图"选项卡上的"直线"按钮 ，或单击"草图"工具栏上的"直线"按钮，启动"直线"命令绘制图形。

第一点从草图原点开始，将光标移动到原点处，出现"重合"几何关系符号，如图 1.14 所示。单击鼠标，向左上方向移动光标画左侧直线，单击后向右水平移动光标画水平直线，再单击，然后移动光标到原点单击，完成草图大致形状绘制，如图 1.15 所示。图中显示系统自动添加的几何关系（水平、重合）。

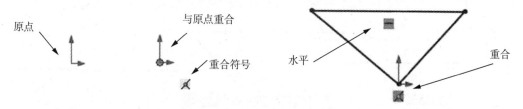

图 1.14　起点与草图原点重合　　　　　图 1.15　草图大致形状

（2）手动添加几何关系。

按 Esc 键，或单击"标准"工具栏里的"选择"按钮 ，或再单击"直线"命令，退出直线绘制命令。

按住 Ctrl 键，单击左右两条直线，它们变成浅蓝色，屏幕左侧打开"属性"窗口，如图 1.16（a）所示。单击"添加几何关系"选项里的"相等"，"现有几何关系"里出现"等径 / 等长 1"几何关系，如图 1.16（b）所示。同时草图上显示出添加的"相等"几何关系，如图 1.17（a）所示。

（a）　　　　　　　（b）

图 1.16　属性窗口

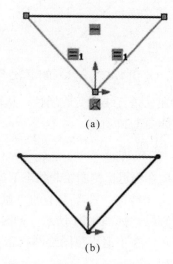

（a）

（b）

图 1.17　草图显示和隐藏几何关系

单击菜单栏"视图">"草图几何关系"可以隐藏这些几何关系符号，如图 1.17（b）所示。再单击则显示几何关系符号。

图中三条直线是蓝色的，从窗口右下角状态栏看出，现在草图状态是欠定义的。

（3）标注尺寸。

单击"草图"选项卡上的"智能尺寸"按钮 ，或单击"草图"工具栏里的"智能尺寸"按钮，光标变成标注尺寸形式。

单击左、右两条直线，系统显示自动测量的角度尺寸，如图 1.18（a）所示，单击后打开"修改"对话框，如图 1.18（b）所示，输入 90，单击"确定"按钮 ，两条直线变成黑色，如图 1.18（c）所示。

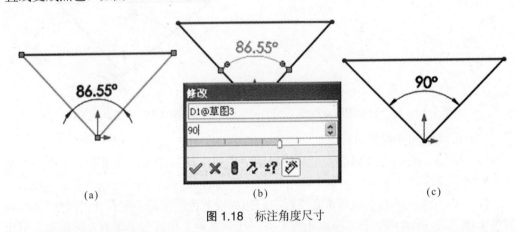

图 1.18 标注角度尺寸

现在仍然处于标注尺寸状态，再单击三角形的斜边，系统显示自动测量的长度尺寸，再单击，打开"修改"对话框，输入 130，单击"确定"按钮 ，如图 1.19 所示。

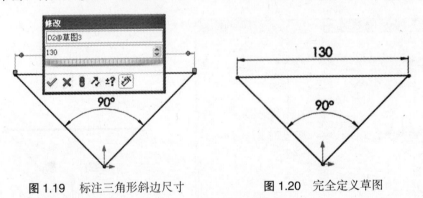

图 1.19 标注三角形斜边尺寸　　　　图 1.20 完全定义草图

现在三条直线都变成黑色，从窗口右下角状态栏看出，草图现在的状态是完全定义的，如图 1.20 所示。

4. 生成特征

（1）在不退出草图绘制状态下拉伸生成三角板特征。

单击"特征"选项卡上的"拉伸凸台 / 基体"按钮 ，系统打开"凸台－拉伸"属性管理器，如图 1.21 所示。同时图形区显示拉伸预览，预览以"上下二等角轴测"样式显示，在不退出草图绘制状态下拉伸生成特征时，预览显示草图尺寸，如图 1.22 所示。

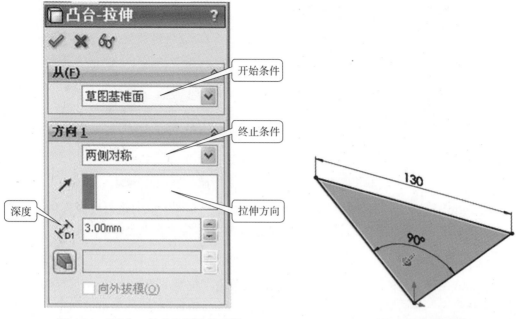

图 1.21 "凸台－拉伸"属性管理器   图 1.22 拉伸预览

　　每个零件的第一个特征称为基体特征,当它生成时,图形区模型自动变成"上下二等角轴测"显示,以后的特征生成时,图形区模型不再会自动以轴测图形式显示,需要手动变成轴测图状态显示。

　　在"凸台－拉伸"属性管理器的"终止条件"下拉列表框内选择"两侧对称"选项(默认为给定深度),在"深度"文本框内输入3(默认为10),单击"确定"按钮,结果如图 1.23 所示。

　　单击"标准视图"工具栏里的"等轴测"按钮 ▢,显示结果如图 1.24 所示。

图 1.23 拉伸结果   图 1.24 "等轴测"样式显示

　　(2)退出草图绘制状态下拉伸生成特征。

　　三角形草图绘制完毕后,单击图形区右上角确认角落中的"退出草图"按钮 ⬚,或单击"草图"选项卡上的"退出草图"按钮 ⬚,退出草图绘制。

　　单击"特征"选项卡上的"拉伸凸台／基体"按钮 ⬚,系统随即弹出拉伸信息,如图 1.25 所示。有两项选择,绘制一个草图,或者选择已有的一个草图。我们已经有了三角形草图,在图形区单击三角形的任意一条边线,系统就打开"凸台－拉伸"属性管理器,图形区显示拉伸预览,但预览里不显示草图尺寸,如图 1.26 所示。

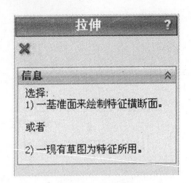

图 1.25 拉伸信息

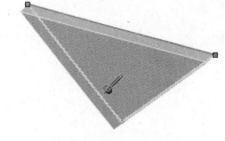

图 1.26 拉伸预览

在 SolidWorks 里，有些特征的生成可以在不退出草图绘制时进行，但有些特征的生成则需要在退出草图绘制后进行，具体操作步骤在后续内容中介绍。

5. 保存文件

单击第一行工具栏的"保存"按钮 ，或单击下拉菜单"文件">"保存"，系统打开"另存为"对话框，在"文件名"框里输入"三角板"，然后单击"保存"，系统会自动为文件添加".sldprt"后缀名，并保存该文件。

1.4 修改模型

任何零件模型的建立都是建立特征和修改特征的过程。对已建立的特征，SolidWorks可以很方便地对它的特征属性和生成它的草图平面、草图进行修改。

1.4.1 修改特征属性

以修改"三角板"模型为例，来说明修改特征属性的方法。

打开"三角板"零件文件。

单击特征管理器设计树中的某特征名称，如图 1.27（a）所示，或在绘图区单击某特征图形，如图 1.27（b）所示，在弹出的快捷菜单里单击"编辑特征"，系统打开该

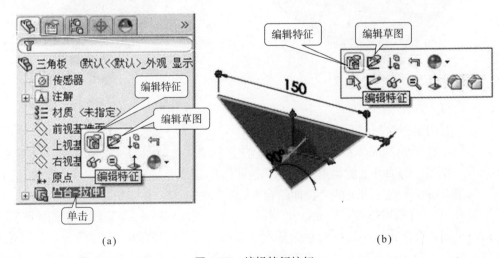

(a)

(b)

图 1.27 编辑特征按钮

特征的属性管理器，如图 1.28 所示。可以重新设定属性管理器中各项选择，比如将拉伸深度修改为 20，单击"确定"，模型重新生成。模型修改前后的对比如图 1.29 所示。

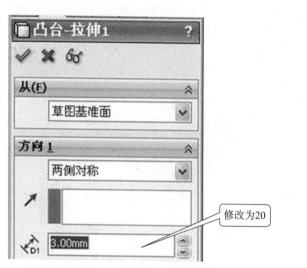

图 1.28 "凸台－拉伸 1"的属性管理器

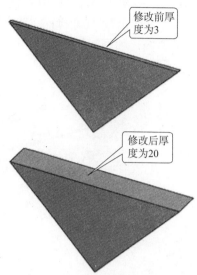

图 1.29 修改特征属性前后对比

1.4.2 修改特征尺寸

在特征管理器设计树中单击或在绘图区单击某一特征，该特征的所有尺寸（包括草图尺寸）都显示出来，如图 1.30（a）所示。单击尺寸数字，显示尺寸数字框，如图 1.30（b）所示，修改尺寸数字为 150，如图 1.30（c）所示，在尺寸数字框外单击，显示修改过的模型，如图 1.30（d）所示。

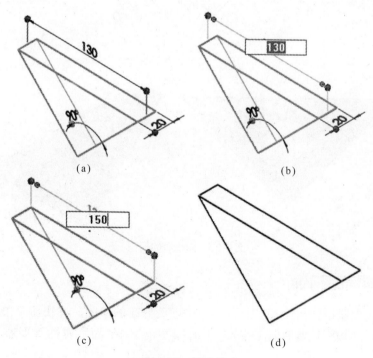

图 1.30 修改尺寸

1.4.3 编辑草图

单击特征管理器设计树中的某特征名称，如图 1.27（a）所示，或在绘图区单击某特征图形，如图 1.27（b）所示，在弹出的快捷菜单里单击"编辑草图"，系统打开生成该特征的草图，如图 1.31（a）所示，单击"标准视图"工具栏里的"正视于"按钮 ↥，草图显示如图 1.31（b）所示。

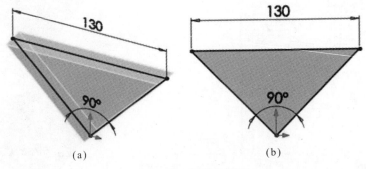

(a)   (b)

图 1.31 打开草图

现在我们修改草图，在三角形的里面绘制一个圆，如图 1.32 所示。退出草图绘制，得到修改后的模型，如图 1.33 所示。

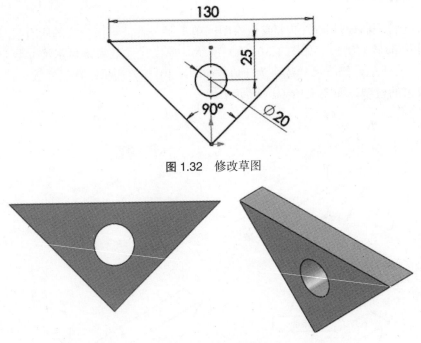

图 1.32 修改草图

图 1.33 修改后的模型

1.4.4 编辑草图平面

在特征管理器设计树中展开特征，单击需要修改的草图，在快捷菜单中选择"编辑草图平面"，如图 1.34 所示，系统打开"草图绘制平面"属性管理器，如图 1.35 所示。

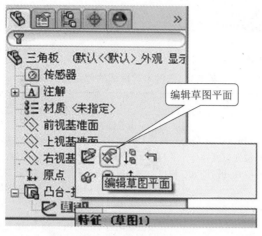

图 1.34 "编辑草图平面"命令

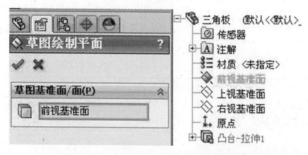

图 1.35 "草图绘制平面"属性管理器

单击右视基准面，草图绘制平面就修改为右视基准面，如图 1.36 所示。单击"确定"，模型显示如图 1.37 所示。

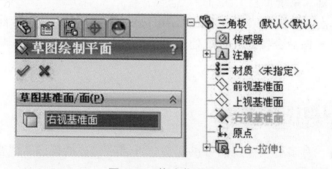

图 1.36 修改草图平面

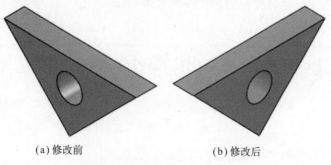

(a) 修改前　　　　　　　(b) 修改后

图 1.37 修改草图平面前后的模型

13

1.5 鼠标的使用

鼠标的使用方法如表 1.1 所示。

表 1.1 三键滚轮鼠标的使用方法

鼠标按键	作　用	操作说明
左键	用于选择（菜单命令、工具按钮以及实体对象）和绘制几何图元等	直接单击鼠标左键 按住 Ctrl 键，可以单击选择多个实体对象 与 AutoCAD 类似，在草图状态时，利用窗口选择对象时，有窗口方式和窗交方式两种。从左到右移动光标形成的窗口，完全在窗口内的对象即被选择；从右到左移动光标形成的窗口，与窗口相交的对象即被选择
滚轮（中键）	放大或缩小	直接滚动滚轮中键，可以放大或缩小视图。向上滚动滚轮，缩小模型视图；向下滚动滚轮，放大模型视图
	平移	按 Ctrl+ 中键并移动光标，可以平移模型视图
	旋转	直接按住鼠标中键不放并移动光标，可旋转模型视图
右键	弹出快捷菜单	直接单击鼠标右键 不同状态弹出的快捷菜单不同

1.6 结束当前命令的方法

（1）按 Esc 键（系统处于待命状态）。

（2）单击"标准"工具栏里的"选择"按钮 ▷（系统处于待命状态）。

（3）右键单击，在快捷菜单里选择"选择"（系统处于待命状态）。

（4）双击左键（系统重复上次命令状态）。

（5）右键单击，在快捷菜单里选择"结束链"（系统重复上次命令状态）。

（6）再次单击该命令按钮（系统处于待命状态，若是草图命令，则刚绘制的草图呈激活状态）。

1.7 模型视图类型

创建特征时，有多种模型视图可供观察。可通过"标准视图"、"视图"和"前导视图"工具栏来选择。

"标准视图"工具栏各按钮的意义如图 1.38 所示。

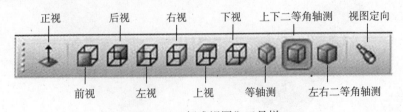

图 1.38 "标准视图"工具栏

"视图"工具栏各按钮的意义如图 1.39 所示。

"前导视图"工具栏各按钮的意义如图 1.40 所示。

图 1.39 "视图"工具栏

图 1.40 "前导视图"工具栏

显示样式中有五项选择，如图 1.41 所示。

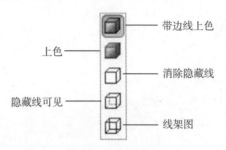

图 1.41 显示样式

以上显示样式分别对应的图例如图 1.42 所示。

带边线上色　　上色　　消除隐藏线　　隐藏线可见　　线架图

图 1.42 显示样式示例

1.8　三个默认的基准面

SolidWorks 的每一个模型文件（零件或装配体）都包含 3 个默认的基准面以及它们的交点——原点，这是 SolidWorks 对模型在空间中的定位基准。这三个基准面分别是：前视基准面、上视基准面、右视基准面。

启动软件，进入创建零件文件界面后，如果绘图区没有显示三个基准面，可以单击（左键或右键均可）特征管理器设计树里的某一基准面，在弹出的快捷菜单里单击"显示"按钮 ⚙，如图 1.43（a）所示，该基准面就显示在绘图区。反之可以隐藏基准

15

面。图 1.43（b）所示是三个基准面同时显示在绘图区。前视基准面与屏幕重合，上视基准面显示为一条水平线，右视基准面显示为一条竖直线。单击"标准视图"工具栏的"上下二等角轴测"，三个基准面在图形区显示如图 1.44 所示。

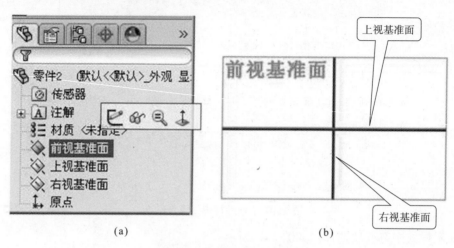

（a）　　　　　　　　　　　　　　　　（b）

图 1.43　在图形区显示基准面

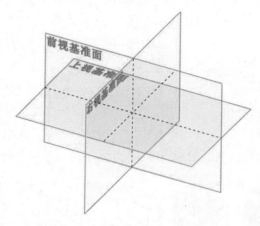

图 1.44　基准面以轴测图形式显示

1. 选择基准面与拉伸方向

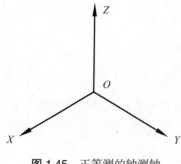

图 1.45　正等测的轴测轴

正等测的轴测轴如图 1.45 所示，如果要创建沿 X 轴方向拉伸的特征时，选择前视基准面为草图平面，创建上下沿 Z 轴方向拉伸的特征时，选择上视基准面，创建沿 Y 轴方向拉伸的特征时，选择右视基准面。图 1.46（a）所示为在前视基准面上画草图，沿 X 轴方向拉伸生成特征；图 1.46（b）所示为在上视基准面上画草图，沿 Z 轴方向上下拉伸生成特征；图 1.46（c）所示为在右视基准面上画草图，沿 Y 轴方向拉伸生成特征。

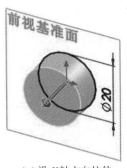

（a）沿 X 轴方向拉伸

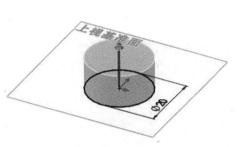

（b）沿 Z 轴方向上下拉伸

（c）沿 Y 轴方向拉伸

图 1.46　选择基准面与拉伸方向

2. 调整基准面与屏幕重合

如果基准面是轴测图形式显示，选择某一基准面作为绘制草图平面后，为了方便绘图，要把它显示成与屏幕重合的状态，方法是，单击某一基准面，然后单击"标准视图"工具栏上的"正视于"按钮 ，或单击弹出的快捷菜单里的"正视于"按钮，该基准面即与屏幕重合，如图 1.47 所示。

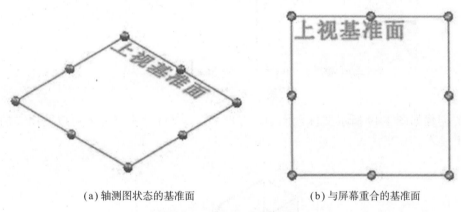

（a）轴测图状态的基准面　　　　　　（b）与屏幕重合的基准面

图 1.47　将基准面与屏幕重合

1.9　显示／隐藏工具栏和添加工具按钮到工具栏

1. 显示和隐藏工具栏的方法

（1）用右键单击窗口边框，然后选择或取消选择某一工具栏名称。

（2）单击"工具"＞"自定义"。在工具栏标签上选择要显示的工具栏。

2. 将工具按钮添加到工具栏的方法

例如，将"动态镜向实体"按钮 拖放到"草图"工具栏上。

保持文档打开，单击菜单"工具"＞"自定义"，或右键单击窗口边框然后选择"自定义"。系统打开"自定义"对话框，单击"命令"标签，选择"草图"，右侧显示"草图"里包含的所有工具按钮，将"动态镜向实体"按钮拖放到"草图"工具栏即可。

17

3. 从工具栏移除工具按钮的方法

（1）先执行以下操作之一：

① Alt+ 拖动工具按钮到图形区域。

② 打开"自定义"对话框，然后将工具按钮拖动到图形区域中。

（2）当指针更改到显示红色删除指示符时，用鼠标丢放按钮将之从工具栏移除。

 思考与练习

1.创建如图 1.48（a）所示 30° 直角三角尺模型，草图如图 1.48（b）所示，厚度为 2。

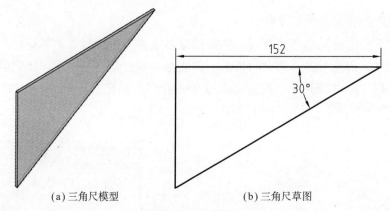

（a）三角尺模型　　　　　　　　　　（b）三角尺草图

图 1.48　三角形

2. 创建如图 1.49 所示文件盒模型，厚度为 3。文件盒中空部分可以使用"抽壳"命令生成。

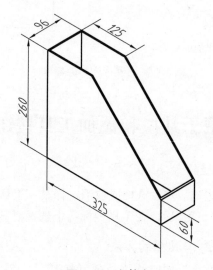

图 1.49　文件盒

第 2 章

草图绘制

2.1　草图概述

草图是由点、直线、圆弧等基本几何元素构成的封闭的或者不封闭的几何形状。

SolidWorks 中的草图绘制是生成特征的基础。特征是生成零件的基础，零件可放置到装配体中。草图实体也可添加到工程图。因此，只有熟练掌握草图绘制的各项功能，才能快速、高效地应用 SolidWorks 进行三维建模。

草图有二维（2D）草图和三维（3D）草图之分，两者之间的主要区别是：

二维草图必须选择一个草图绘制平面，才能进入草图绘制状态。

三维草图则无需选择草图绘制平面就可以直接进入绘图状态，绘出空间的草图轮廓。这里主要介绍二维草图的绘制。

2.1.1　草图绘制的过程

草图绘制的过程一般如下：

（1）指定草图绘制平面。

（2）绘制草图基本形状。

（3）进行尺寸约束和几何约束。

（4）修改和完成草图。

2.1.2　进入草图绘制模式

进入草图绘制模式的步骤如下：

（1）新建一个或编辑一个零件文档。

（2）在零件文档中选取一个草图基准面或平面（可在步骤 3 之前或之后进行此操作）。

（3）通过以下操作之一进入草图模式。

● 单击"草图"选项卡或"草图"工具栏上的"草图绘制"按钮。

● 在"草图"工具栏上选取一个草图工具（如圆）。

● 单击"特征"选项卡或"特征"工具栏上的"拉伸凸台 / 基体"或"旋转凸台 /
基体"。

● 在特征管理器 FeatureManager 设计树中，用右键单击一现有草图，然后选择"编辑草图"命令。

进入草图绘制模式的界面如图 2.1 所示。

一般而言，最好是使用不太复杂的草图和更多的特征。较简单的草图更容易生成、标注尺寸、修改以及理解。带较简单草图的模型重建时所用时间较短。

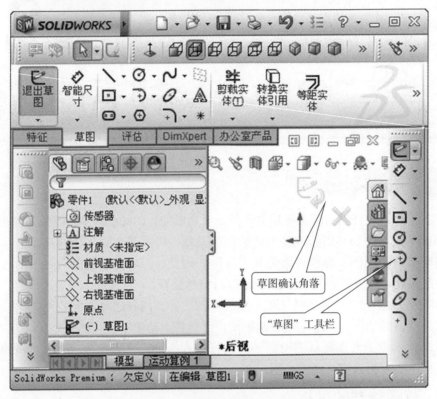

图 2.1　草图绘制模式界面

2.1.3　退出草图绘制模式

退出草图绘制有几种方法，分别是：
- 单击"草图"选项卡或"草图"工具栏上的"退出草图"按钮。
- 单击绘图区右上角的"确认角落"中的"退出草图"按钮或"取消"按钮。
- 当无草图绘制工具选定时，双击图形区域。
- 单击菜单栏"插入" > "退出草图"。
- 用右键单击并选取"退出草图"按钮。
- 单击"标准"工具栏上的"重建模型"按钮，或者单击"编辑" > "重建模型"命令。
- 单击菜单栏"编辑" > "退出草图"而不保存变化。

2.2　草图绘制实体

SolidWorks 的草图工具有草图绘制实体和草图绘制工具，它们集中在"草图"选项卡（图 2.2）和"草图"工具栏（图 2.3）上。草图绘制实体可以绘制直线、矩形、多边形、圆、圆弧、文字等，而草图绘制工具是对已画出的实体进行编辑，如进行圆角、倒角、剪裁、镜向、阵列等操作。

图 2.2 "草图"选项卡

图 2.3 "草图"工具栏（横放）

2.2.1 绘制直线

"直线"命令按钮下包含两个命令："直线"和"中心线"，如图 2.4 所示。

图 2.4 "直线"命令

绘制直线的操作步骤如下：

（1）选择一基准面作为草图绘制平面（如前视基准面），进入草图绘制模式。

（2）单击"草图"选项卡上的"直线"按钮 ＼，或单击"草图"工具栏上的"直线"按钮 ＼，或选择下拉菜单"工具" > "草图绘制实体" > "直线"。

命令启动后，鼠标光标变为形状 ✎，并打开"插入线条"属性管理器，如图 2.5 所示。

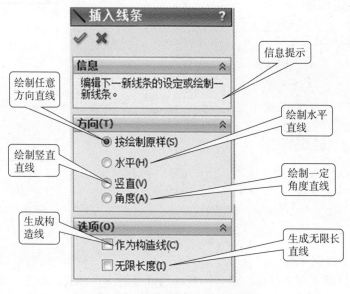

图 2.5 "插入线条"属性管理器

21

（3）在图形区域单击鼠标左键，确定直线的起点后，系统打开"线条属性"属性管理器，如图 2.6 所示。

例如从草图原点开始绘制一条水平线，单击草图原点放置直线第一点，移动鼠标，单击放置第二点，如图 2.7 所示。

如果需要继续绘制直线，再在下一点单击即可。

移动鼠标时，系统显示画线的长度数值和角度，参考它们可以绘制草图的大致形状。

按 Esc 键或单击"标准"工具栏上的"选择"按钮 退出直线绘制命令。

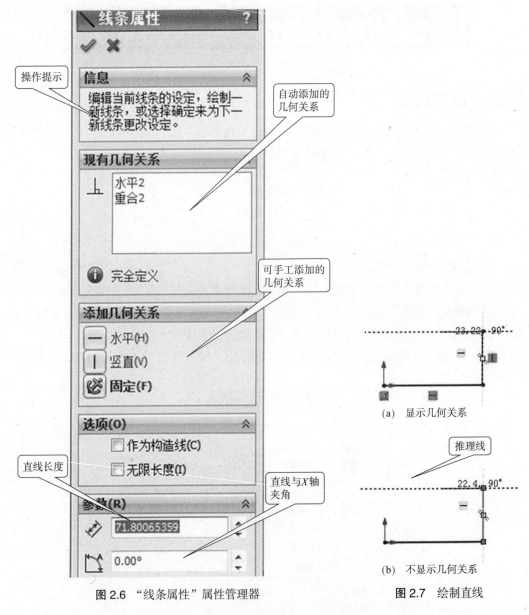

图 2.6　"线条属性"属性管理器

图 2.7　绘制直线

说明：

（1）绘制直线时鼠标操作有两种方式。

单击第一点后不释放鼠标，将光标拖动到直线的终点释放（单击—拖动）。

单击第一点后释放鼠标，将光标移动到直线的终点单击（单击—单击）。

（2）绘制直线过程中会有推理线帮助预览与其他草图实体的关系，同时自动捕捉功能使用户在绘制直线时，可自动捕捉中点、端点、交点、重合点等。

（3）系统会对已绘制的水平或竖直直线添加相应的几何关系。要显示草图的几何关系，如图 2.7（a）所示，单击菜单"视图"＞"草图几何关系"，再次单击则不显示草图几何关系，如图 2.7（b）所示。

如果要编辑、修改直线，可通过拖动直线或直线端点完成，或者单击直线在打开的"线条属性"属性管理器中进行修改。

（4）在"直线"命令的下拉列表中，还有"中心线"。中心线作为构造几何线使用，用来生成对称的草图实体以及旋转体、阵列特征操作的中心轴或构造几何体的中心线。绘制中心线的步骤与绘制直线相同，不同之处是中心线显示为点画线，如图 2.8所示。

图 2.8 绘制中心线

单击"标准"工具上的"选项"按钮 ，选择"系统选项"，单击"草图"，在右侧勾选"在生成实体时启用荧屏上数字输入"；或在草图中用右键单击，在弹出的菜单中单击"草图数字输入"按钮，如图 2.9 所示。这时在生成草图绘制实体时显示数字输入字段来指定大小，如图 2.10 所示，输入尺寸数值可以准确绘图。

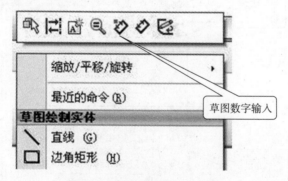

图 2.9 "草图数字输入"按钮

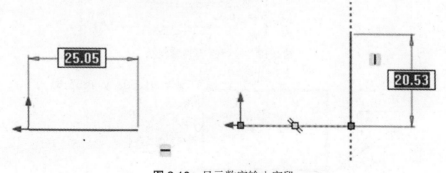

图 2.10 显示数字输入字段

图 2.11 "矩形"命令

2.2.2 绘制矩形

"矩形"命令按钮下包含 5 个命令：边角矩形、中心矩形、3 点边角矩形、3 点中心矩形、平行四边形，如图 2.11 所示。常用的是"边角矩形"和"中心矩形"命令。

1. 边角矩形

选择某一基准面作为草图平面。单击"草图"选项卡上的"矩形"下拉列表的"边角矩形"按钮 □，系统打开"矩形"属性管理器，如图 2.12 所示。在图形区适当位置单击放置矩形的第一个角点，移动鼠标单击确定矩形的另一角点，此时系统在两个角点之间绘制一个矩形，如图 2.13 所示。按 Esc 键或单击"选择"按钮 ▣，退出矩形绘制命令。

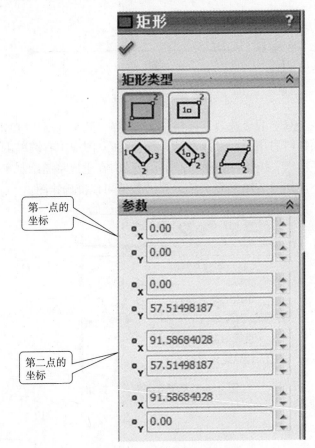

图 2.12 "矩形"属性管理器

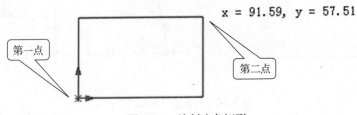

图 2.13 绘制边角矩形

2. 中心矩形

选择某一基准面作为草图平面。单击"草图"选项卡上的"矩形"下拉列表的"中心矩形"按钮 ，系统打开"矩形"属性管理器，如图 2.14 所示。在图形区适当位置单击放置矩形的中心点，移动鼠标单击确定矩形的一角点，完成矩形绘制，如图 2.15 所示。按 Esc 键或单击"选择"按钮 退出矩形绘制。

图 2.14 "中心矩形"对话框

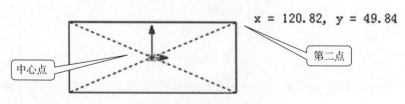

图 2.15 绘制中心矩形

2.2.3 绘制圆

"圆"命令按钮下包含两个命令：圆和周边圆，如图 2.16 所示。

图 2.16　"圆"命令

下面主要介绍以"中心/半径"方式绘制圆。

选择某一基准面作为草图平面。单击"草图"选项卡上的"圆"按钮 ⊙，系统打开"圆"属性管理器，如图 2.17 所示。在图形区适当位置单击放置圆的圆心，然后移动鼠标，圆的半径随之变化，到合适位置单击。最后单击"确定"按钮 ✓，完成圆的绘制，如图 2.18 所示。

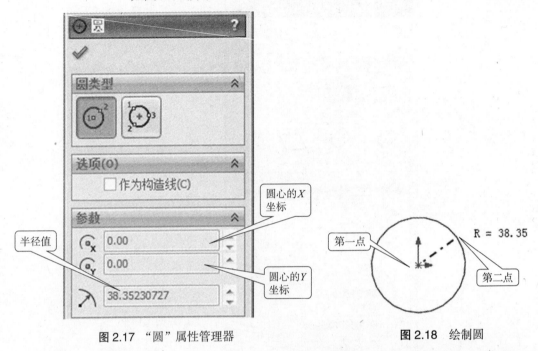

图 2.17　"圆"属性管理器

图 2.18　绘制圆

绘制"周边圆"和绘制"圆"相似，所不同的是绘制"圆"时是在屏幕上先确定圆心位置，然后确定半径完成圆的绘制，而"周边圆"则是通过圆上的三个点来确定圆的位置和大小。

2.2.4　绘制圆弧

"圆弧"命令按钮下包含三个命令：圆心/起/终点画弧、切线弧、3 点圆弧，如图 2.19 所示。

图 2.19　"圆弧"命令

单击三个中的任何一个都会打开相同的属性管理器，下面举例说明三种绘制圆弧的步骤。

1. 用"圆心/起/终点画弧"命令画圆弧

选择某一基准面作为草图平面。单击"草图"选项卡上的"圆心/起/终点画弧"

按钮，操作步骤如下：

（1）单击草图原点作为圆弧的圆心，释放鼠标，系统弹出"圆弧"属性管理器，如图 2.20 所示。

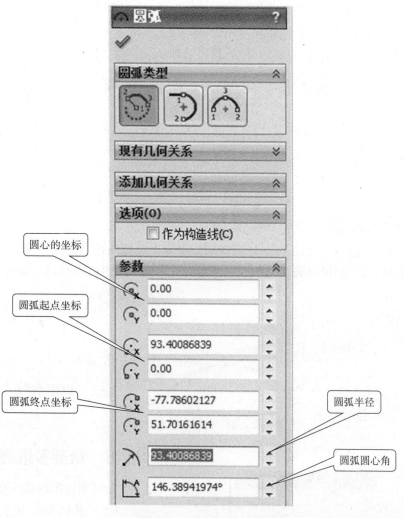

图 2.20 "圆弧"属性管理器

（2）移动指针，指针附近显示当前圆弧半径的大小，在希望放置圆弧起始点的位置单击。

（3）移动指针，这时指针附近显示当前圆弧所对应圆心角的角度，在希望放置圆弧终点的位置单击。

（4）点击"确定"按钮 ，完成圆弧绘制，如图 2.21 所示。

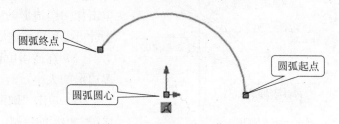

图 2.21 绘制"圆心 / 起 / 终点画弧"

2. 用"切线弧"命令画圆弧

使用"切线弧"的条件是前面已经绘制出直线、圆弧或样条曲线等实体。具体操作步骤如下，如图 2.22 所示。

（1）单击"切线弧"按钮 。

（2）在直线、圆弧、椭圆或样条曲线的终点上单击。

（3）拖动圆弧绘制所需形状，然后释放鼠标。

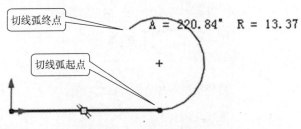

图 2.22 绘制"切线弧"

3. 用"三点圆弧"命令画圆弧

单击"三点圆弧"按钮 ，然后在草图平面上放置圆弧的起点，移动鼠标放置圆弧终点，最后拖动圆弧以确定圆弧半径，单击后完成三点圆弧的绘制，如图 2.23 所示。

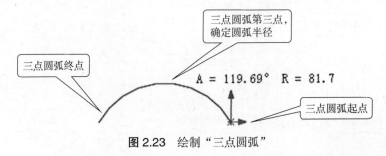

图 2.23 绘制"三点圆弧"

2.2.5 绘制多边形

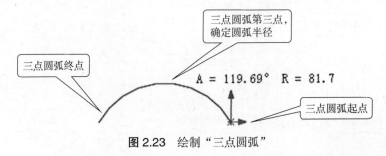

图 2.24 "多边形"属性管理器

绘制多边形的操作步骤如下：

（1）选择某一基准面作为草图平面，单击"草图"选项卡上的"多边形"按钮 ，系统打开"多边形"属性管理器，如图 2.24 所示。如果要绘制正六边形，在属性管理器中更改边数为 6。再勾选"内切圆"或"外接圆"。在绘图区单击作为多边形的中心，移动鼠标指针可以预览多边形的大小。

（2）在适当位置再单击，确定多边形的大小。

（3）单击"确定"按钮 ，完成正六边形的绘制，如图 2.25 所示。

28

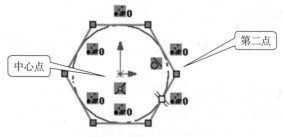

图 2.25　绘制正六边形

2.2.6　绘制槽口

"槽口"包含四个命令：直槽口、中心点直槽口、三点圆弧槽口、中心点圆弧槽口，如图 2.26 所示。其中"直槽口"最为常用。

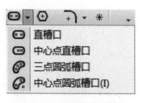

图 2.26　"槽口"命令

下面以直槽口为例来说明操作步骤。

（1）选择某一基准面作为草图平面。单击"草图"选项卡上的"直槽口"按钮，系统打开"槽口"属性管理器，如图 2.27 所示。

（2）在绘图区坐标原点单击确定第一点，水平向右拖动鼠标在合适位置单击确定第二点，用来确定槽口长度。然后移动鼠标来改变槽口宽度，再次单击确定槽口轮廓。

（3）单击"确定"按钮，完成直槽口的绘制。标注尺寸，如图 2.28 所示。

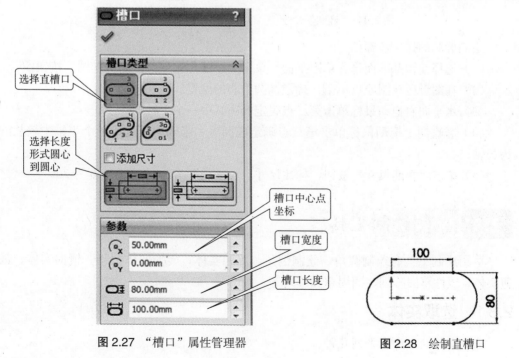

图 2.27　"槽口"属性管理器　　　　　图 2.28　绘制直槽口

2.2.7 绘制样条曲线

样条曲线是通过任意多个点的光滑曲线，下面以图 2.29 为例，说明绘制样条曲线的操作过程。

单击"草图"选项卡上的"样条曲线"按钮∿。在图形区适当位置单击以放置第一个点并将第一个线段拖出。单击下一个点并将第二个线段拖出。为每个线段重复该操作，完成样条曲线绘制，按 Esc 键结束样条曲线命令。

单击一条样条曲线，样条曲线上会显示控标，控标包括控标位置和控标方向。拖动控标点可以移动该点的位置，拖动控标方向可以修改样条曲线的方向，如图 2.30 所示。

图 2.29　绘制样条曲线　　　　　图 2.30　样条曲线的控标

2.2.8 绘制椭圆

"椭圆"命令按钮下包含三个命令：椭圆、部分椭圆、抛物线，如图 2.31 所示。下面以图 2.32 为例，说明绘制椭圆的操作过程。

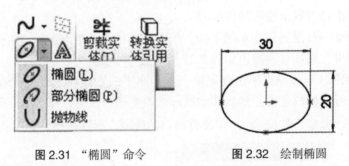

图 2.31　"椭圆"命令　　　　　图 2.32　绘制椭圆

绘制椭圆的操作步骤如下。

（1）选择前视基准面作为草图平面。单击"草图"选项卡上的"椭圆"按钮⌀。

（2）在图形区草图原点单击，确定椭圆中心的位置。

（3）水平向右拖动鼠标单击第二点确定椭圆其中一个半轴的长度。

（4）竖直向上拖动鼠标单击第三点确定椭圆另一半轴的长度，两个半轴中较长的为长轴。

（5）单击"智能尺寸"按钮，标注尺寸，长轴长度为 30，短轴长度为 20。

2.3　草图绘制工具

草图绘制工具有绘制圆角、绘制倒角、等距实体、转换实体引用、镜向实体、裁剪实体、线性草图阵列、圆周草图阵列等。

2.3.1 选取实体

选取实体的方法有下列几种。

1. 单一选取

单击图形区域中的对象，每一次只能选择一个实体，如图 2.33 所示。

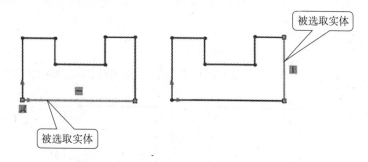

图 2.33　单一选取

2. 多重选取

按住 Ctrl 键不放，依次单击一个以上对象，如图 2.34
所示。

3. 窗口选择

1）框　选

鼠标单击一点，按住不放，向右拖动到另一点单击形
成一窗口，即从左到右选择，只有包含在窗口内的对象被
选取，如图 2.35（a）所示。

图 2.34　多重选取

2）交叉选择

鼠标单击一点，按住不放，向左拖动到另一点单击形成一窗口，即从右到左选择，
包含在窗口内的实体和与窗口相交的实体都被选取，如图 2.35（b）所示。

进行框选选择时，方框以实线显示；进行交叉选择时，方框以虚线显示。

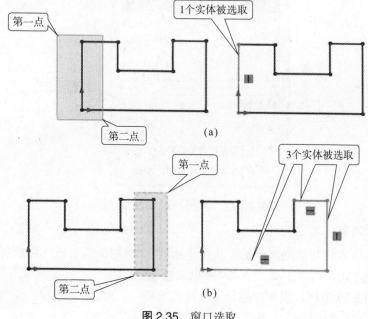

图 2.35　窗口选取

2.3.2 绘制圆角

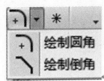

图 2.36 "圆角"命令

"圆角"命令按钮包含绘制圆角、绘制倒角两个命令，如图 2.36 所示。

1. 绘制圆角

下面以图 2.37 为例，说明绘制圆角的操作步骤。

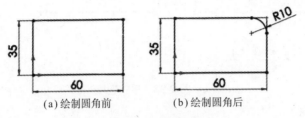

(a) 绘制圆角前　　　　(b) 绘制圆角后

图 2.37 绘制圆角

（1）打开"绘制圆角"文件，如图 2.37（a）所示。

（2）单击"草图"选项卡上的"绘制圆角"按钮 ，系统打开"绘制圆角"属性管理器。其中"圆角半径"取 10，勾选"保持拐角处约束条件"，如图 2.38 所示。

（3）在图形区分别单击矩形右上方两条边（或单击矩形右上方角点），系统便在这两条边之间创建圆角。

（4）单击"确定"按钮 ，完成"绘制圆角"，如图 2.37（b）所示。

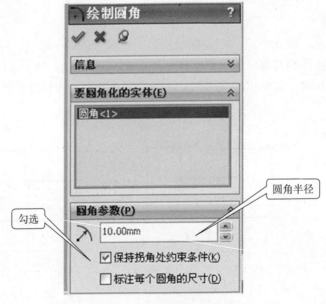

图 2.38 "绘制圆角"属性管理器

2. 绘制倒角

绘制倒角的方法与绘制圆角的方法基本相同。"绘制倒角"属性管理器中提供了三种绘制倒角的方式：角度距离、距离–距离、相等距离。

下面以图 2.39 为例，说明绘制倒角的操作步骤。

（1）打开"绘制倒角"文件，如图 2.39（a）所示。

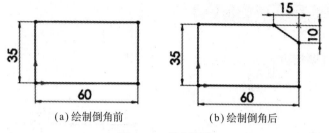

(a) 绘制倒角前　　　　　　　　(b) 绘制倒角后

图 2.39　绘制倒角

（2）单击"草图"选项卡上的"绘制倒角"按钮，系统打开"绘制倒角"属性管理器，在"倒角参数"选项中选择"距离-距离"，取消"相等距离"，在"距离1"框格中输入15，在"距离2"框格中输入10，如图2.40所示。

（3）在图形区首先选择矩形上边线作为第一条边，再选择矩形右方边线作为第二条边。系统便在这两条边之间创建倒角。

（4）单击"确定"按钮 ✔，完成"绘制倒角"，如图2.39（b）所示。

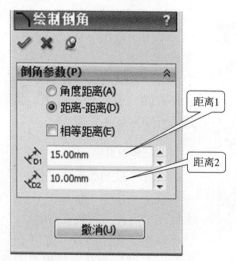

图 2.40　"绘制倒角"属性管理器

其他两种绘制倒角形式见图2.41和图2.42。

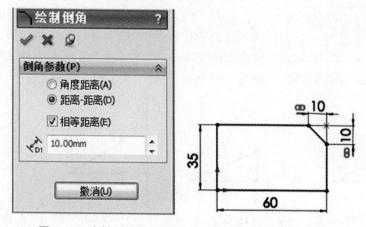

图 2.41　绘制"距离-距离"的"相等距离"形式的倒角

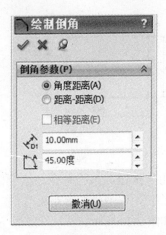

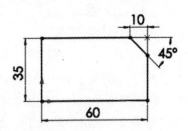

图 2.42 绘制 "角度距离" 形式的倒角

2.3.3 剪裁实体

"剪裁实体" 工具用于剪裁或者延伸草图实体。

单击 "草图" 选项卡上的 "剪裁实体" 按钮 ，系统打开 "剪裁" 属性管理器，如图 2.43 所示。"选项" 中包含 5 种剪裁类型：强劲剪裁、边角剪裁、在内剪除、在外剪除、剪裁到最近端，其中 "强劲剪裁" 和 "剪裁到最近端" 最为常用。

1. 强劲剪裁

打开 "强劲剪裁" 文件。

单击 "草图" 选项卡上的 "剪裁实体" 按钮 ，系统打开 "剪裁" 属性管理器。

单击 "强劲剪裁" 按钮 ，在图形区的草图中，按住鼠标左键拖动并穿越想要剪裁的实体，凡是箭头触及到的实体都会消失，即被强劲剪裁掉，如图 2.44 所示。松开鼠标，单击 "确定" 即可完成操作。

打开 "强劲剪裁 – 延伸" 文件，操作同上，只是拖动的过程中按住 Shift 键，剪裁操作将切换为延伸操作，所遇到的实体将会延伸，直到与其他草图实体相交为止，如图 2.45 所示。

图 2.43 "剪裁" 属性管理器

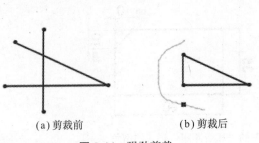

(a) 剪裁前　　　　　(b) 剪裁后

图 2.44 强劲剪裁

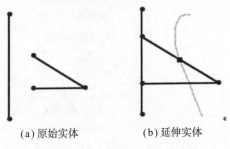

(a) 原始实体　　　　　(b) 延伸实体

图 2.45 强劲剪裁中的延伸功能

2. 边角剪裁

边角剪裁针对两个草图实体，可以将选择的草图实体进行延伸或剪裁，直到它们与虚拟的边角交叉为止，如图 2.46 所示。

打开"边角剪裁"文件。

单击"草图"选项卡上的"剪裁实体"下的"边角"按钮 ，然后选择两个边界实体，单击"确定"按钮，如图 2.46 所示。

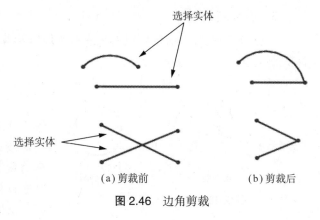

（a）剪裁前　　　　（b）剪裁后

图 2.46　边角剪裁

3. 在内剪除

打开"在内剪除"文件。

单击"草图"选项卡上的"剪裁实体"下的"在内剪除"按钮 ，先选择两个边界实体或一个闭环草图实体（例如圆等）作为剪裁边界，本图选择两个圆弧作为剪裁边界，再单击要剪裁的实体，本图选择两条直线，单击即可。当要剪裁的实体被鼠标捕捉到时，待删除部分呈红色高亮显示。结果如图 2.47（b）所示。

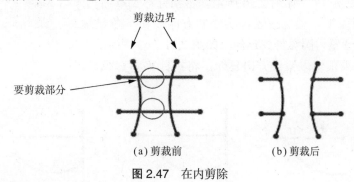

（a）剪裁前　　　　（b）剪裁后

图 2.47　在内剪除

4. 在外剪除

打开"在外剪除"文件。

单击"草图"选项卡上的"剪裁实体"下的"在外剪除"按钮 ，先选择两个边界实体或一个闭环草图实体（例如圆等）作为剪裁边界，本图选择两个圆弧作为剪裁边界，再单击要保留的实体，本图选择夹在两圆弧之间直线段。剪裁操作将删除所选边界之外的开环实体。结果如图 2.48 所示。

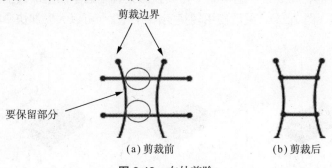

（a）剪裁前　　　　（b）剪裁后

图 2.48　在外剪除

5. 剪裁到最近端

"剪裁到最近端"命令可以剪裁或者延伸所选草图实体，直到与最近的其他草图实体的交叉点。

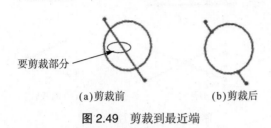

要剪裁部分

(a)剪裁前　　　　　　(b)剪裁后

图 2.49　剪裁到最近端

打开"剪裁到最近端"文件。

单击"草图"选项卡上的"剪裁实体"下的"剪裁到最近端"按钮⊥，利用此按钮剪裁草图实体时，鼠标捕捉到的被剪裁实体呈红色高亮显示，直接单击即完成操作。本图中直接选择圆内的线段即可。结果如图 2.49 所示。

2.3.4　延伸实体

延伸实体可增加草图实体（直线、中心线或圆弧）的长度。

打开"延伸实体"文件。

单击"草图"选项卡上的"剪裁实体"下拉列表中的"延伸实体"按钮，如图 2.50 所示。将指针移到草图实体水平直线、圆弧上，预览按延伸实体的方向以粉红色显示。单击圆弧接受预览，圆弧得到延伸，如图 2.51（c）所示。

说明：如果预览以错误方向延伸，将指针移到直线或圆弧另一半上。

图 2.50　"延伸实体"命令

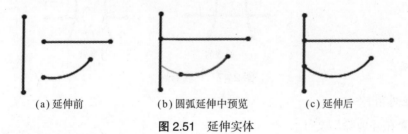

(a) 延伸前　　　　　(b) 圆弧延伸中预览　　　　　(c) 延伸后

图 2.51　延伸实体

2.3.5　转换实体引用

转换实体引用是 SolidWorks 中非常有效的一个草图工具。该命令可充分利用已有边线、环、面、外部轮廓线或一组草图，将其投影到选定的草图基准面上，从而生成一个或多个草图实体（图 2.52）。灵活使用转换实体引用命令可以大大加快草图绘制的速度。

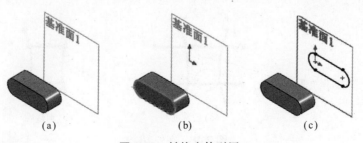

(a)　　　　　　　(b)　　　　　　　(c)

图 2.52　转换实体引用

操作步骤如下：

（1）打开"转换实体引用"文件，如图 2.52（a）所示。

（2）在特征管理器设计树中右键单击基准面 1，在弹出的快捷菜单中选择"草图绘制"命令，进入草图绘制模式。

（3）按下 Ctrl 键，连续选择模型前表面的边线，使其处于激活状态，如图 2.52（b）所示。

（4）单击"草图"选项卡上的"转换实体引用"按钮 ，即可完成操作，如图 2.52（c）所示，在基准面 1 上绘制出草图。

转换实体引用将自动建立以下几何关系。

（1）"在边线上"。在新的草图曲线和实体之间生成，这样如果实体更改，曲线也会随之更新。

（2）"固定"。在草图实体的端点上内部生成，使草图保持"完全定义"状态。当使用"显示 / 删除几何关系"时，不会显示此内部几何关系。拖动这些端点可移除"固定"几何关系。

2.3.6　等距实体

等距实体的功能是将已有草图实体沿其法线方向偏移一段距离，即选中一个草图实体、模型边线、环、面、边线轮廓，向内或向外等距指定距离来生成草图实体。

操作步骤如下：

（1）打开"等距实体"文件，如图 2.53（a）所示。

（2）单击"草图"选项卡上的"等距实体"按钮 ⤵，系统打开"等距实体"属性管理器，如图 2.54 所示。在图形区选择槽口的一条边，使槽口处于激活状态。在"等距实体"属性管理器中的"参数"的"等距距离"框输入 5，单击"确定"按钮，向外生成等距实体，如图 2.53（b）所示。选择"选择链"可以生成所有连续草图实体的等距实体，选择"双向"可以同时在内外两个方向生成等距实体。

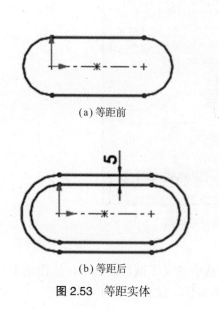

（a）等距前

（b）等距后

图 2.53　等距实体

图 2.54　"等距实体"属性管理器

2.3.7 镜向实体

镜向实体可对选取的草图实体，产生对称于对称轴的图形。

操作步骤如下：

（1）打开"镜向实体"文件，如图 2.55（a）所示。

单击"草图"选项卡上的"镜向"按钮 ⚠，系统打开"镜向"属性管理器。如图 2.56 所示。

（2）在"要镜向的实体"选项中选择要镜向的草图实体，如图 2.55（b）所示。

（3）在"镜向点"选项中选择竖直的中心线，选中"复制"复选框。

（4）单击"确定"按钮 ✅，完成镜向操作，如图 2.55（c）所示。

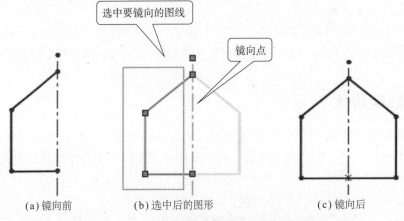

图 2.55 镜向实体

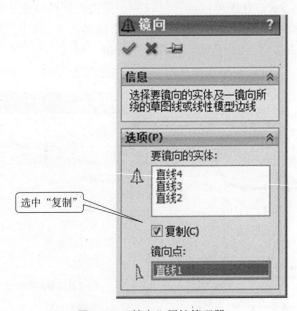

图 2.56 "镜向"属性管理器

说明：

（1）属性管理器中的"复制"复选框是否选中意义不同。若选中，操作结果有两个草图实体；若不选中，则只有被镜向过的草图实体，没有源草图实体。

（2）还可以用更快捷的方式实现草图实体的镜向复制：框选欲镜向的草图实体和镜向线，单击"镜向"按钮即可。

如果所选择的草图实体中只有一条直线，不论是实线还是构造中心线，那么它就作为默认的镜向中心线。

如果所选择的草图中只有一条中心线，那么它就作为默认的镜向中心线。

2.3.8　动态镜向实体

动态镜向实体是在绘制草图实体的同时进行镜向，每绘制一个草图实体，就在选定的镜向点的另一侧创建与其对称的草图实体。

操作步骤如下：

（1）打开"动态镜向实体"文件。

（2）在打开的草图中选择直线或模型边线，如图2.57（a）所示。

（3）单击"草图"工具栏上的"动态镜向实体"按钮 ，对称符号出现在直线或边线的两端，如图2.57（b）所示。如果"草图"工具栏上没有"动态镜向实体"按钮，可以选择"自定义"的"命令"选项，将其拖放到工具栏上。

（4）绘制要镜向的草图实体。实体在绘制的同时被镜向，如图2.57（c）所示。

（5）如要关闭镜向命令，再次单击"动态镜向实体"按钮。

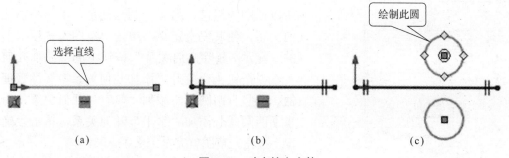

图2.57　动态镜向实体

2.3.9　线性草图阵列

线性草图阵列可将草图中的图形生成线性排列。

操作步骤如下：

（1）打开"线性阵列"文件，如图2.58（a）所示。

单击"草图"选项卡上的"线性阵列"按钮 ，系统打开"线性阵列"属性管理器，如图2.59所示。

（2）在"线性阵列"属性管理器中设置各参数。设置"方向1"选项组：在"间距"框输入15，在"数量"框输入3，此阵列实例总数包括了原始草图实体。选择"标注X间距"复选框。

（3）设置"方向2"选项组：在"间距"框输入10，在"数量"框输入2，此阵列实例总数包括了原始草图实体。选择"标注Y间距"复选框。选中"在轴之间标注角度"复选框。

（4）单击"要阵列的实体"列表框：在草图中选择圆。阵列预览如图2.58（b）所示。

（5）单击"可跳跃的实例"列表框：在草图中选择要删除的第二排、第二列的圆，如图 2.58（c）所示。

（6）单击"确定"，完成阵列操作，如图 2.58（d）所示。

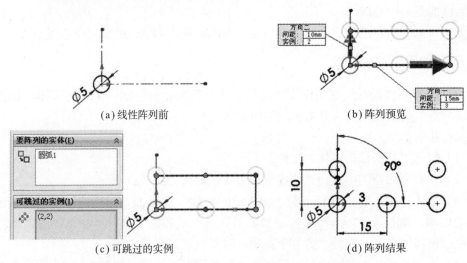

(a) 线性阵列前 　　　　　　　　　　　(b) 阵列预览

(c) 可跳过的实例 　　　　　　　　　(d) 阵列结果

图 2.58　线性草图阵列

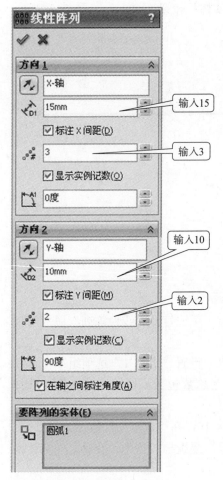

图 2.59　"线性阵列"属性管理器

（7）由于第一个圆在坐标原点且已标注尺寸，所以该圆为黑色，另 4 个圆为蓝色，下面添加几何关系，使其完全定义。单击"草图"选项卡上的"显示 / 删除几何关系"按钮下的"添加几何关系"按钮 ⊥，打开"添加几何关系"属性管理器，为竖直两圆圆心添加"竖直"几何关系，为水平两圆圆心添加"水平"几何关系，单击"确定"按钮，草图就完全定义了。

2.3.10　圆周草图阵列

利用圆周草图阵列可将草图中的图形生成圆周排列。

操作步骤如下：

（1）打开"圆周阵列"文件，如图 2.60 所示。

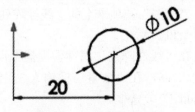

图 2.60　圆周阵列前实体

单击"草图"选项卡上的"圆周阵列"按钮 ，系统打开"圆周阵列"属性管理器，如图 2.61 所示。

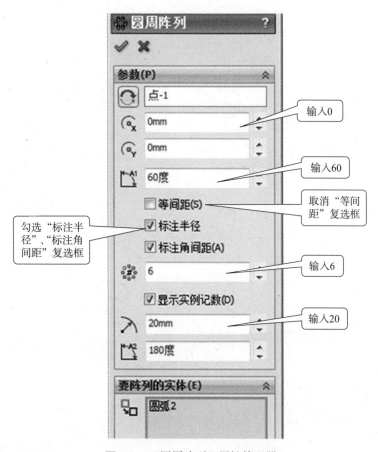

图 2.61　"圆周阵列"属性管理器

（2）在"圆周阵列"属性管理器中设置各参数：在"中心 X"框输入圆周阵列旋转中心点的 X 坐标值 0，在"中心 Y"框输入圆周阵列旋转中心点的 Y 坐标数值 0。取消"等间距"复选框，在"间距"框输入阵列相邻实例之间的角度 60。

说明：

选中"等间距"复选框，"间距"为指定阵列中第一和最后实例之间的角度。

取消"等间距"复选框，"间距"为指定阵列实例之间的角度。

（3）勾选"标注半径"、"标注角间距"复选框，在"数量"框输入阵列实例总数 6，包括原始草图实体在内。在"半径"框输入阵列的中心到所选实体上中心点距离 20。

（4）单击"要阵列的实体"列表框：在草图中选择圆。此时图形区出现预览图形，如图 2.62 所示。

（5）单击"确定"按钮，完成操作。

（6）由于第一个实体圆的圆心与坐标原点水平且已标注尺寸，所以该圆为黑色，另外 5 个圆为蓝色，下面添加几何关系，使其完全定义。

先删除"20"尺寸，如图 2.63（a）所示，再将圆心调整离开坐标原点，如图 2.63（b）所示。然后再将其拖到坐标原点，结果如图 2.63（c）所示，5 个圆变成黑色。

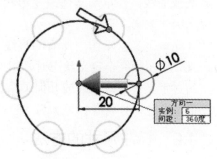

图 2.62　圆周阵列预览

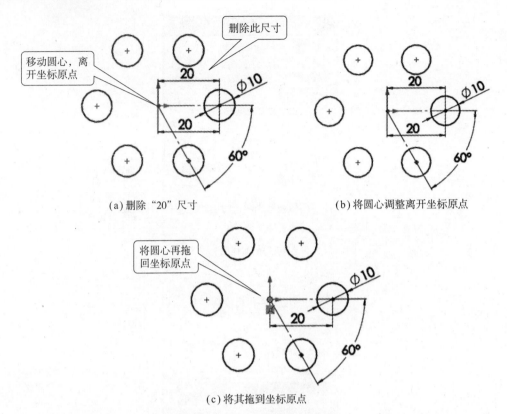

图 2.63　定义圆周阵列几何关系

2.4　草图的尺寸标注

在 SolidWorks 中绘制草图时，开始不需要按准确的尺寸和位置关系绘制，而是绘制它的大致形状，然后标注它的准确尺寸和添加必要的几何关系来完全定义草图，这就是以尺寸和几何关系驱动草图。所谓驱动，就是修改尺寸数值或几何关系，草图实体就随之改变，尔后生成的特征也随之改变。

2.4.1　草图状态

草图中的几何图形有 3 种状态，分别是欠定义状态、完全定义状态和过定义状态。

欠定义：草图中的一些尺寸或几何关系未定义，可以随意改变。可以拖动端点、直线或曲线，使草图实体改变形状。草图为欠定义状态时，图形呈蓝色，且在状态栏显示为"欠定义"。

完全定义：草图中所有的直线和曲线及其位置，均由尺寸或几何关系或两者同时定义。草图为完全定义状态时，图形呈黑色，且状态栏显示为"完全定义"。

过定义：有些尺寸或几何关系、或两者处于冲突中或多余。草图为过定义状态时，图形呈红色，且状态栏显示为"过定义"。

2.4.2　标注尺寸的方法

下面介绍草图的几种标注方法和技巧。

1. 线性尺寸标注

线性尺寸一般分为水平尺寸、垂直尺寸或平行尺寸 3 种。以图 2.64 为例，介绍线性尺寸的标注过程。

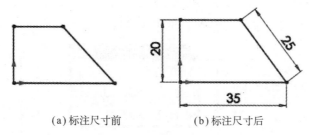

(a) 标注尺寸前　　　　　(b) 标注尺寸后

图 2.64　线性尺寸的标注

标注草图尺寸最常用的工具是"智能尺寸"，单击"草图"选项卡上的"智能尺寸"按钮，即可进行草图的尺寸标注。

（1）打开"线性尺寸标注"文件，如图 2.64（a）所示。

（2）单击"智能尺寸"，移动鼠标到最下方的水平直线上，直线改变颜色，单击它。

（3）移动鼠标将拖出水平线性尺寸，如图 2.65（a）所示。在合适位置单击，确定所标注尺寸的位置，系统打开"尺寸"属性管理器，同时弹出"修改"尺寸对话框，在"修改"尺寸对话框中输入 35，如图 2.65（b）所示。

（4）单击"确定"按钮，完成该线性尺寸的标注，如图 2.65（c）所示。

(a) 拖出尺寸　　　　(b)"修改"尺寸对话框　　　　(c) 标注水平尺寸

图 2.65　水平尺寸的标注

（5）继续移动鼠标到竖直直线上单击。移动鼠标，将拖出垂直线性尺寸，如图 2.66（a）所示。在合适位置单击，确定所标注尺寸的位置，系统打开"尺寸"属性管理器，同时弹出"修改"尺寸对话框，在"修改"尺寸对话框中输入 20，如图 2.66（b）所示。单击"确定"按钮，完成该线性尺寸的标注，如图 2.66（c）所示。

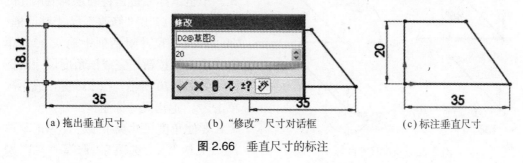

(a) 拖出垂直尺寸　　　　(b)"修改"尺寸对话框　　　　(c) 标注垂直尺寸

图 2.66　垂直尺寸的标注

（6）继续移动鼠标到倾斜直线上单击，然后移动鼠标，将拖出平行线性尺寸，如图 2.67（a）所示。在合适位置单击，确定所标注尺寸的位置，系统打开"尺寸"属性管理器，同时弹出"修改"尺寸对话框，在"修改"尺寸对话框中输入 25，如图 2.67（b）所示。单击"确定"按钮，完成该线性尺寸的标注，如图 2.67（c）所示。按 Esc 键，或再次单击"智能尺寸"按钮 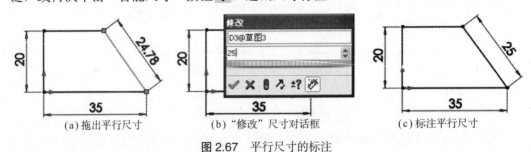，退出尺寸标注。

| (a) 拖出平行尺寸 | (b)"修改"尺寸对话框 | (c) 标注平行尺寸 |

图 2.67　平行尺寸的标注

（7）锁定尺寸标注形式。

对如图 2.68 所示平行尺寸的标注，单击直线后拖放鼠标，根据鼠标拖放的位置不同，尺寸可能是平行尺寸（线段的长度），如图 2.68（a）所示，也可能是直线两端点之间的水平或垂直距离，如图 2.68（b）、（c）所示。

如果想要锁定上述某种尺寸标注形式，单击直线，拖动鼠标显示某种形式后单击右键即可，这时移动鼠标到任意位置，尺寸标注形式不会改变，如图 2.69 所示。若要解除锁定形式，再次单击右键即可。

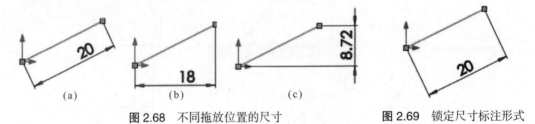

| (a) | (b) | (c) |

图 2.68　不同拖放位置的尺寸　　　图 2.69　锁定尺寸标注形式

2. 角度尺寸标注

要生成两直线之间的角度尺寸，可以先分别选择两条直线，然后移动鼠标选择尺寸线的位置，它决定了两条直线间标注角度的方式，如图 2.70 所示。

打开"角度尺寸的标注"文件。单击"草图"选项卡上的"智能尺寸"按钮 ，移动鼠标，分别单击选择需标注角度尺寸的两条直线。移动鼠标，将拖出角度尺寸，鼠标位置的不同，将得到不同的标注形式。单击鼠标左键，将确定角度尺寸的位置，同时弹出"修改"尺寸对话框。在"修改"尺寸对话框中输入 45。单击"确定"按钮，完成该角度尺寸的标注，如图 2.70 所示。按 Esc 键，或再次单击 ，退出尺寸标注。

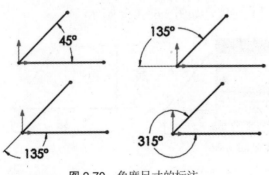

图 2.70　角度尺寸的标注

要使角度尺寸数字水平，单击菜单栏"工具" > "选项"，选择"文档属性",单击"尺寸"前的"+"号,展开"尺寸"选项,单击"角度",在"文本位置"选择中间水平位置即可。

3. 圆的尺寸标注

(1)标注圆的直径尺寸。

打开"圆的尺寸标注"文件。单击"草图"选项卡上的"智能尺寸"按钮 ◇,移动鼠标,单击选取需标注直径尺寸的圆。移动鼠标,将拖出直径尺寸,鼠标位置的不同,将得到不同的标注形式。单击鼠标左键,将确定直径尺寸的位置,同时弹出"修改"尺寸对话框。在"修改"尺寸对话框中输入30。单击"确定"按钮,完成该圆的尺寸标注,如图2.71所示。按Esc键,或再次单击 ◇,退出尺寸标注。

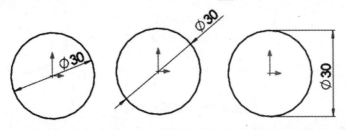

图 2.71 圆的尺寸标注

如果标注的直径尺寸如图2.72(a)所示,单击尺寸将尺寸移动到圆内,即如图2.72(b)所示,要使尺寸标注如图2.72(c)所示,单击菜单栏"工具">"选项",选择"文档属性",单击尺寸前的"+",展开尺寸,单击"直径",勾选"显示第二向外箭头",单击"确定"按钮,尺寸标注即如图2.72(c)所示。

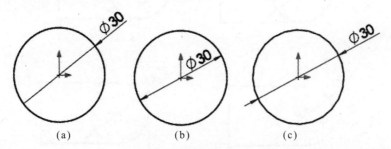

(a)　　　　　　　　(b)　　　　　　　　(c)

图 2.72 修改直径标注样式

(2)标注圆的半径尺寸。

如果想要给圆标注半径,如图2.73(c)所示,可以这样修改直径尺寸得到。

单击标注的直径尺寸,如图2.73(a)所示,系统打开"尺寸"属性管理器,如图2.73(b)所示。其中有3个标签:"数值"、"引线"和"其它"。单击"引线"标签,打开"引线"选项卡。该选项卡设定尺寸标注的显示形式,单击其中的半径按钮 ◎,直径尺寸即转换成半径尺寸。

(3)圆到其他草图实体的距离标注。

当标注圆到其他实体的距离尺寸时,如图2.74(a)所示,有三种标注形式。

① 单击"智能尺寸"按钮 ◇,在图形区依次单击直线和圆边线或圆心,得到直线到圆心的距离,如图2.74(b)所示。

② 单击"智能尺寸"按钮 ◇,按住Shift键,在图形区依次单击直线和圆的右侧

半圆边线，得到如图 2.74（c）所示直线到圆的最短距离尺寸。

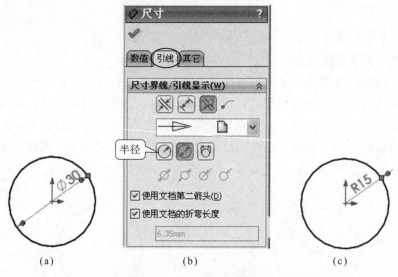

图 2.73 标注圆的半径尺寸

③ 单击"智能尺寸"按钮 ，按住 Shift 键，在图形区依次单击直线和圆的左侧半圆边线，得到如图 2.74（d）所示直线到圆的最大距离尺寸。

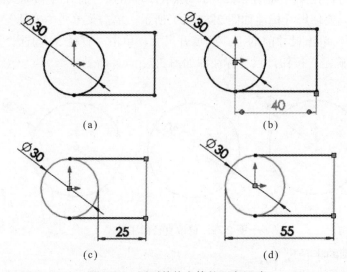

图 2.74 圆到其他实体的距离尺寸

实际上这三种形式可以相互转换，单击图 2.74 所示任一尺寸标注形式的尺寸，系统打开"尺寸"属性管理器，如图 2.75 所示。单击"引线"标签，在"圆弧条件"选项里选择即可。

4. 圆弧半径的尺寸标注

打开"圆弧尺寸的标注"文件。

单击"草图"选项卡上的"智能尺寸"按钮 ，移动鼠标，单击选取需标注半径的圆弧。移动鼠标，将拖出半径尺寸，在合适位置单击鼠标左键放置尺寸，同时弹出"修改"尺寸对话框。在"修改"尺寸对话框中输入 20。单击"确定"按钮，完成该圆弧半径尺寸的标注，如图 2.76 所示。按 Esc 键，或再次单击 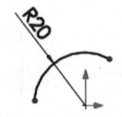，退出尺寸标注。

图 2.75 "尺寸"属性管理器

图 2.76 标注圆弧半径

5. 回转体草图直径和半径的标注

要旋转生成如图 2.77（a）所示回转体的模型，其草图如图 2.77（b）所示。标注该草图尺寸时，可以标注各段的半径尺寸，也可以标注直径尺寸。

单击"智能尺寸"按钮 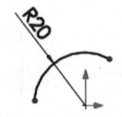，单击水平直线和中心线，移动鼠标到水平直线和中心线之间时，标注的尺寸为半径尺寸，如图 2.78 所示。当鼠标移动到中心线下侧时，标注的尺寸为直径尺寸，如图 2.79 所示。在绘制轴类零件草图时，通常标注直径尺寸。

当第一个尺寸选择标注半径或直径形式后，连续标注其他半径或直径时，只需单击水平直线而不需要再单击中心线即可。

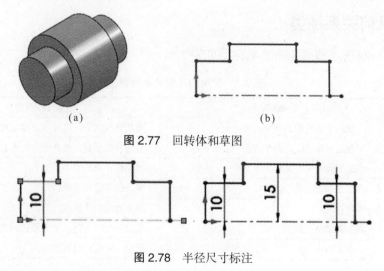

（a）   （b）

图 2.77 回转体和草图

图 2.78 半径尺寸标注

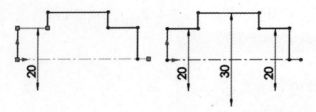

图 2.79　直径尺寸标注

2.4.3　修改尺寸数值

打开"修改尺寸数值"文件。

在草图绘制模式下，在需要修改的尺寸上，如图 2.80（a）所示，双击尺寸数值，弹出"修改"尺寸对话框，在"修改"尺寸对话框中输入尺寸数值 15，如图 2.80（b）所示，单击"确定"按钮，完成尺寸的修改，如图 2.80（c）所示。按 Esc 键或再次单击 ，退出尺寸标注。

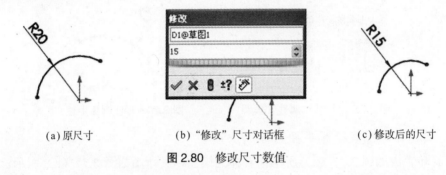

（a）原尺寸　　　　　　　（b）"修改"尺寸对话框　　　　　　（c）修改后的尺寸

图 2.80　修改尺寸数值

2.5　草图的几何关系

几何关系是指各几何元素或几何元素与基准面、轴线、边线或端点之间的相对位置关系。绘制草图时使用几何关系更容易控制草图的形状，表达设计意图。例如两条直线互相平行、两点重合、两圆同心等都是几何关系。

2.5.1　几何关系种类

SolidWorks 所支持的几何关系种类见表 2.1。

表 2.1　常用的几何关系种类

几何关系	所选实体	几何关系特点
水平	一条或多条直线；两个或多个点	直线变成水平，选择的点水平对齐
竖直	一条或多条直线；两个或多个点	直线变成竖直，选择的点竖直对齐
中点	两条直线；一个点和一条直线	使点位于线段的中点上
平行	两条或多条直线	所选的直线相互平行
垂直	两条直线	两条直线相互垂直
共线	两条或多条直线	所选直线位于同一条无限长的直线上
重合	一个点和一条直线、圆弧或椭圆	点位于直线、圆弧或椭圆上

几何关系	所选实体	几何关系特点
相等	两条或多条直线；两个或多个圆弧	直线长度或圆弧半径保持相等
相切	一个圆弧、椭圆或样条曲线，以及一条直线或圆弧	所选的两个项目保持相切
同心	两个或多个圆弧；一个点和一个圆弧	所选的圆弧共用同一个圆心
全等	两个或多个圆弧	圆或圆弧共用相同的圆心和半径
对称	一条中心线和两个点、直线、圆弧或椭圆	项目保持与中心线相等距离，并位于一条与中心线垂直的直线上
固定	任何草图实体	使草图实体位置固定
穿透	一个基准轴、一条边线、直线或样条曲线和一个点	使点与基准轴、边线、直线或曲线在草图基准面上穿透的位置重合
合并	两个点或端点	使两个点合并为一个点

2.5.2　为草图添加几何关系

在绘制草图时，有些几何关系是根据指针在图形区域中的位置自动生成的，但 SolidWorks 只能自动添加有限的几种几何约束关系，如直线的水平、竖直，直线与圆弧相切，点与点的重合等。对于不能自动产生的几何关系，可以通过 SolidWorks 提供的"添加几何关系"工具 ⊥ 来添加。

下面以图 2.81 所示添加"相切"几何关系为例，说明添加几何关系的操作步骤。

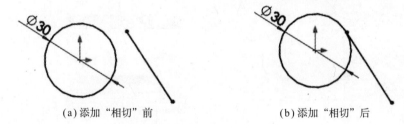

(a) 添加"相切"前　　　　　　　　(b) 添加"相切"后

图 2.81　添加"相切"几何关系

打开"添加几何关系"文件。

方法一：使用"添加几何关系"命令。

单击"草图"选项卡上的"显示 / 删除几何关系"按钮 ⊥ 下的"添加几何关系"按钮 ⊥，系统打开"添加几何关系"属性管理器，如图 2.82 所示。

图 2.82　"添加几何关系"属性管理器

　　在草图中选择要添加几何关系的对象：圆和直线。属性管理器中列出了所选草图实体间已经存在的几何关系和可以添加的几何关系，如图 2.83 所示。

　　在"添加几何关系"属性管理器中单击要添加的几何关系。本例单击"相切"，如图 2.84 所示。单击"确定"按钮，完成几何关系的添加，结果如图 2.81（b）所示。

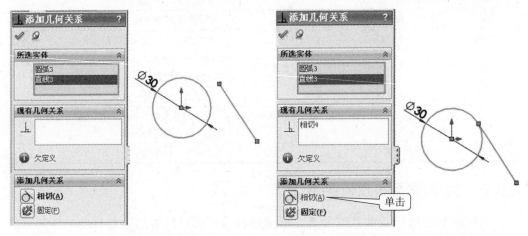

图 2.83　选择圆和直线　　　　　　　　　　　图 2.84　添加"相切"几何关系

　　方法二：选择实体，然后添加几何关系。

　　选择要添加几何关系的实体对象，系统打开"属性"属性管理器，如图 2.85 所示。单击属性管理器中的"相切"即可，如图 2.86 所示。

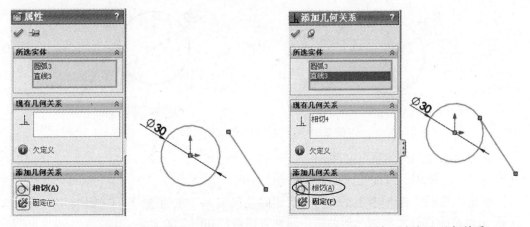

图 2.85　选择实体　　　　　　　　　　　　图 2.86　添加"相切"几何关系

2.5.3　在草图上显示和删除几何关系

1. 显示几何关系

　　如果想要在草图上显示草图中的几何关系，可以单击下拉菜单"视图">"草图几何关系"，即可显示草图中所有的几何关系。再单击，则不显示草图几何关系。

2. 删除草图中已有的几何关系

　　删除草图中已有的几何关系有两种方法。例如删除上例中的"相切"几何关系，如图 2.87（a）所示。

第一种方法：单击草图中需要删除的几何关系图标 ✍，然后按 Delete 键即可直接删除。

第二种方法：单击"草图"选项卡上的"显示 / 删除几何关系"按钮 ⚥，系统打开"显示 / 删除几何关系"属性管理器，如图 2.88 所示。列表中可显示所有的几何关系。选择列表中的"几何关系"选项"相切 5"，单击"删除"按钮，可以删除选中的几何关系，删除后可以拖动线条使之分离，如图 2.87（b）所示。

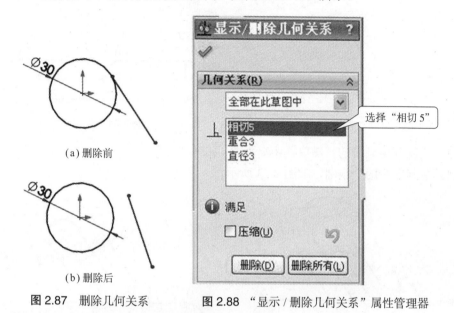

图 2.87 删除几何关系

图 2.88 "显示 / 删除几何关系"属性管理器

2.6 草图绘制综合实例一——拨叉草图

二维草图的绘制是三维实体建模的基础。在绘制草图时，方法不是唯一的，尺寸和几何关系条件在草图绘制中有很重要的作用。熟练运用草图工具可大大减少绘图的时间，从而提高工作效率。

绘制如图 2.89 所示拨叉草图。具体操作步骤如下。

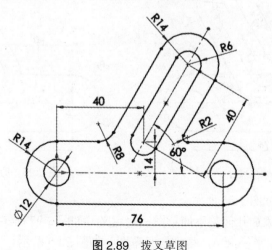

图 2.89 拨叉草图

新建一个零件文件。

（1）绘制中心线。选择前视基准面作为草图平面，单击"中心线"按钮，过草图原点绘制一条水平中心线和一条倾斜中心线，如图 2.90 所示。

（2）单击"直槽口"按钮，绘制直槽口，如图 2.91 所示。

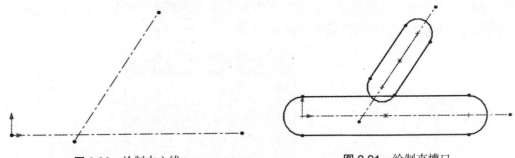

图 2.90　绘制中心线　　　　　　　　图 2.91　绘制直槽口

（3）绘制等距倾斜的直槽口，距离为 8，如图 2.92 所示。

（4）绘制左右两个小圆，如图 2.93 所示。

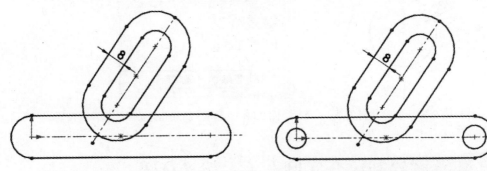

图 2.92　等距倾斜直槽口实体　　　　图 2.93　绘制左右两个小圆

（5）标注尺寸，如图 2.94 所示。为左右两个小圆添加"相等"几何关系。

（6）剪裁线段，如图 2.95 所示。水平直槽口有些线条会成为欠定义。

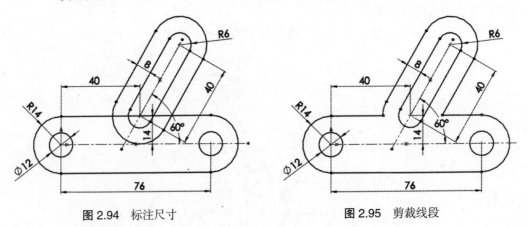

图 2.94　标注尺寸　　　　　　　　　图 2.95　剪裁线段

（7）添加圆角，如图 2.96 所示。

（8）剪裁线段，添加几何关系使草图完全定义，如图 2.97 所示。

删除尺寸 8，标注半径 R14，得到拨叉草图，如图 2.89 所示。

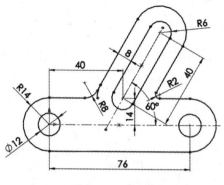

图 2.96　添加圆角

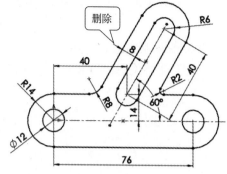

图 2.97　剪裁线段和添加几何关系

2.7　草图绘制综合实例二——手柄草图

绘制如图 2.98 所示的手柄草图。

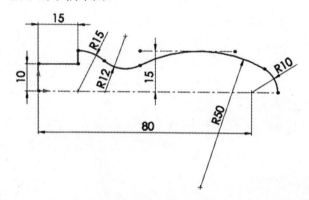

图 2.98　手柄草图

新建一个零件文件。

（1）选择右视基准面作为草图平面。使用"中心线"命令 ，从草图原点画一条中心线，长度大约为 100，如图 2.99 所示。

（2）画直线部分，如图 2.100 所示。

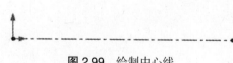

图 2.99　绘制中心线

图 2.100　绘制直线部分

（3）使用"圆心/起/终点画弧"命令画圆弧，如图 2.101 所示。

（4）用"切线弧"命令连续画出 3 个圆弧（图 2.102），注意不要使用系统推理的约束。

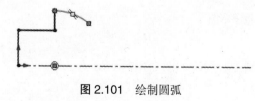

图 2.101　绘制圆弧

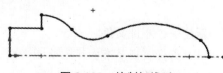

图 2.102　绘制切线弧

（5）绘制水平中心线，如图 2.103 所示。

（6）标注尺寸和添加几何关系。

为 R15 圆弧的圆心与其上的竖直直线、R10 圆弧的圆心与过原点的水平中心线添加"重合"几何关系，为 R50 圆弧与其上的中心线添加"相切"几何关系，如图 2.104 所示。

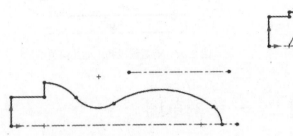

图 2.103　绘制水平中心线

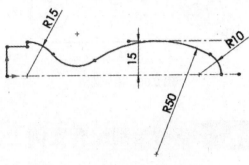

图 2.104　添加几何关系和标注尺寸

（7）标注其余尺寸，完成草图绘制，如图 2.105 所示。

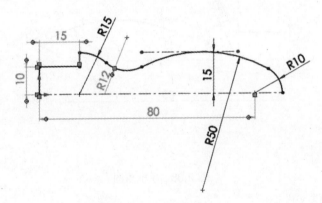

图 2.105　标注其余尺寸

2.8　草图绘制综合实例三——扳手草图

绘制如图 2.106 所示的扳手草图。

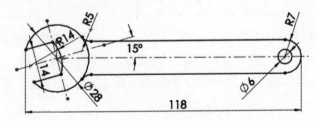

图 2.106　扳手草图

新建一个零件文件。

（1）选择右视基准面作为草图平面。绘制中心线，如图 2.107 所示。

（2）绘制圆，如图 2.108 所示。

图 2.107　绘制中心线　　　　　　　　　图 2.108　绘制圆

（3）绘制直线，与右侧圆相切，如图 2.109 所示。单击中心线，单击"动态镜向实体"按钮，对称符号出现在中心线两侧，如图 2.109（a）所示。绘制直线，对称的直线同时画出，如图 2.109（b）所示。

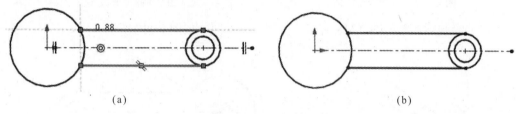

（a）　　　　　　　　　　　　　　　　（b）

图 2.109　绘制直线

（4）绘制圆弧，如图 2.110 所示。添加圆弧与直线、圆弧与左侧圆"相切"几何关系，如图 2.111 所示。剪裁线段，如图 2.112 所示。镜向圆弧，如图 2.113 所示。

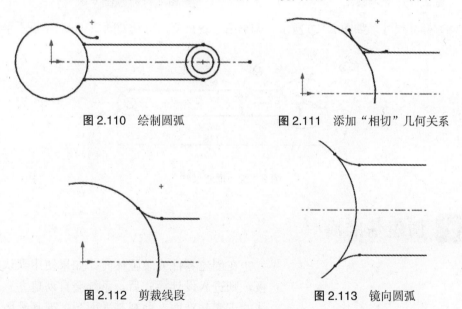

图 2.110　绘制圆弧　　　　　　图 2.111　添加"相切"几何关系

图 2.112　剪裁线段　　　　　　　图 2.113　镜向圆弧

（5）绘制倾斜中心线，如图 2.114 所示。添加两条中心线和草图原点"重合"几何关系，两条中心线"垂直"几何关系，如图 2.115 所示。

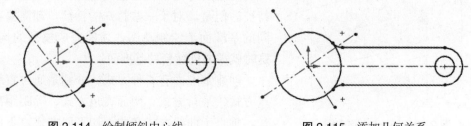

图 2.114　绘制倾斜中心线　　　　　图 2.115　添加几何关系

（6）双向等距实体倾斜中心线，距离为 7，如图 2.116 所示。然后剪裁线段，如图 2.117 所示。

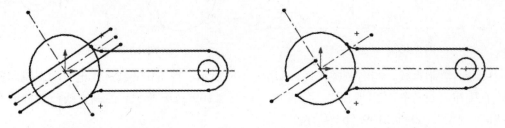

图 2.116　双向等距实体　　　　　　　　　　图 2.117　剪裁线段

（7）绘制圆弧，如图 2.118 所示。得到完整草图，如图 2.119 所示。

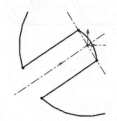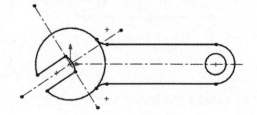

图 2.118　绘制圆弧　　　　　　　　　　图 2.119　完整草图

（8）标注尺寸，如图 2.120 所示。调整中心线长度，得到如图 2.106 所示扳手草图。

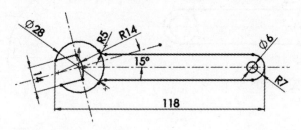

图 2.120　标注尺寸

2.9　创建基准面

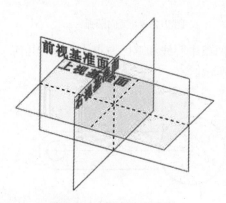

图 2.121　标准基准平面

在创建零件或装配体时，如果使用默认的模板，则进入设计模式后，系统会自动建立三个默认的正交基准面：前视基准面、上视基准面、右视基准面，如图 2.121 所示。一般情况下，用户可以在这三个基准面上绘制草图，然后生成各种特征。但是，对于一些特殊的特征，却需要在不同的基准面上绘制草图，才能完成模型的构建，这时就需要创建新的基准面。

创建基准面有 6 种方式，分别是通过直线和点方式、平行方式、两面夹角方式、等距距离方式、垂直于曲线方式和曲面切平面方式。下面将详细介绍各种创建基准面的方法与步骤。

1. 通过直线和点创建基准面

利用一条直线和直线外一点创建基准面，此基准面包含指定的直线和直线外一点（由于直线可由两点确定，因此这种方法也可过选择三点创建基准面），如图2.122 所示。

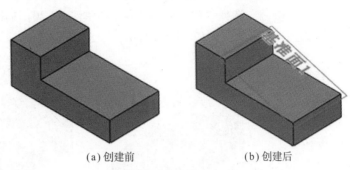

(a) 创建前　　　　　　(b) 创建后

图 2.122　通过直线和点创建基准面

打开"通过直线和点创建基准面"文件，如图2.122（a）所示。

通过直线和点创建基准面的操作步骤如下：

1）选择命令

单击"特征"选项卡上的"参考几何体"下的"基准面"按钮，或单击"参考几何体"工具栏上的"基准面"按钮，或单击下拉菜单"插入">"参考几何体">"基准面"命令，系统打开"基准面"属性管理器，如图2.123 所示。

2）定义基准面的参考实体

在"基准面"属性管理器中，"第一参考"在图形区选择"边线<1>"，"第二参考"选择"顶点<1>"，如图2.123、图2.124 所示。

3）完成基准面的创建

单击"确定"按钮，得到基准面1，如图2.122（b）所示。

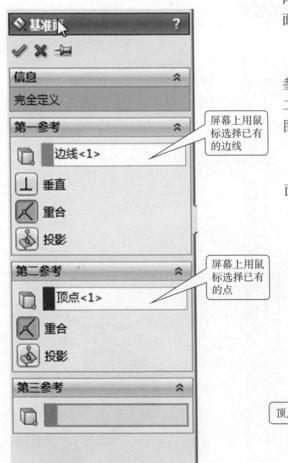

图 2.123　"基准面"属性管理器

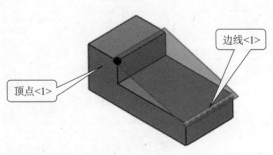

图 2.124　选择直线、点

2. 运用等距距离创建基准面

该方式用于创建一个平行于基准面或者其他平面，并指定偏移距离的基准面。

打开"运用等距距离创建基准面"文件，如图 2.125（a）所示。

选择"基准面"命令后，系统打开"基准面"属性管理器，如图 2.126 所示。

"第一参考"选择"面 <1>"，"偏移距离"取 20，如图 2.126、图 2.127 所示。单击"确定"，结果如图 2.125（b）所示。

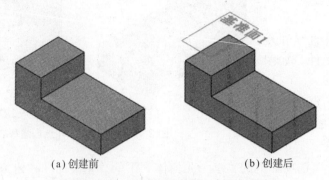

(a) 创建前   (b) 创建后

图 2.125　运用等距距离创建基准面

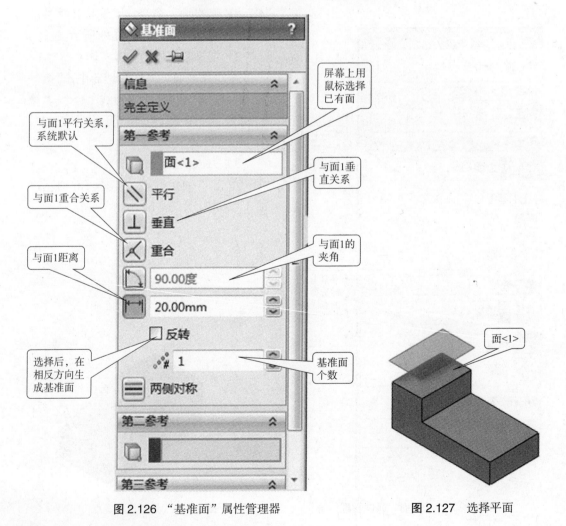

图 2.126　"基准面"属性管理器   图 2.127　选择平面

3. 运用两面夹角创建基准面

生成一基准面，它通过一条边线、轴线或草图线，并与一个面或基准面成一定角度，如图 2.128 所示。

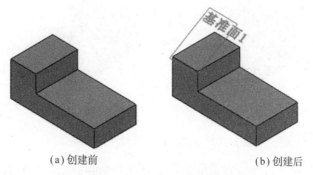

(a) 创建前　　　　　　　　(b) 创建后

图 2.128　运用两面夹角创建基准面

打开"运用两面夹角创建基准面"文件，如图 2.128（a）所示。

选择"基准面"命令后，系统打开"基准面"属性管理器，如图 2.129 所示。

"第一参考"在图形区选择"面 <1>"，"两面夹角"输入角度 30。"第二参考"在图形区选择"边线 <1>"，如图 2.129、图 2.130 所示。单击"确定"，绘制结果如图 2.128（b）所示。

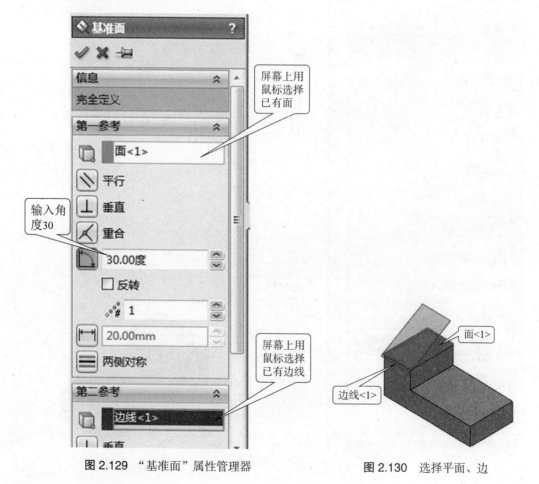

图 2.129　"基准面"属性管理器　　　　　**图 2.130**　选择平面、边

4. 运用点和平行面创建基准面

生成通过一点并平行于基准面或其他平面的基准面,如图 2.131 所示。

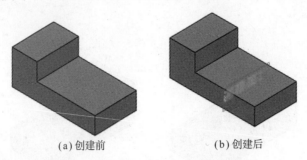

(a) 创建前　　　　　　　　(b) 创建后

图 2.131　运用点和平行面创建基准面

打开"运用点和平行面创建基准面"文件,如图 2.131(a)所示。

选择"基准面"命令后,系统打开"基准面"属性管理器。

"第一参考"在图形区选择右端面,"第二参考"在图形区选择边线中点,如图 2.132、图 2.133 所示。单击"确定",结果如图 2.131(b)所示。

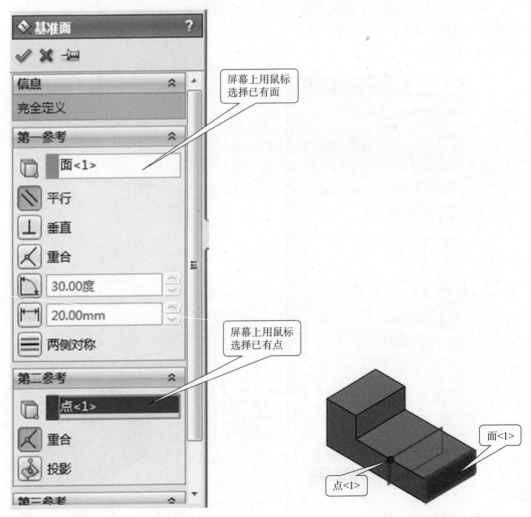

图 2.132　"基准面"属性管理器　　　　　图 2.133　选择平面、点

5. 运用垂直于曲线创建基准面

该方式用于创建通过一个点且垂直于一条边线或者曲线的基准面。在后面生成弹簧实体时用到此方法。

打开"运用垂直于曲线创建基准面"文件，如图2.134（a）所示的螺旋线。

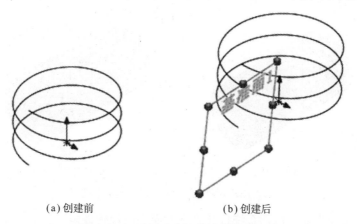

(a) 创建前　　　　　　　　　　　　(b) 创建后

图2.134　运用垂直于曲线创建基准面

选择"基准面"命令后，系统打开"基准面"属性管理器，如图2.135所示。

"第一参考"在图形区选择螺旋线，"第二参考"在图形区选择螺旋线的起点，如图2.135、图2.136所示。单击"确定"，结果如图2.134（b）所示。

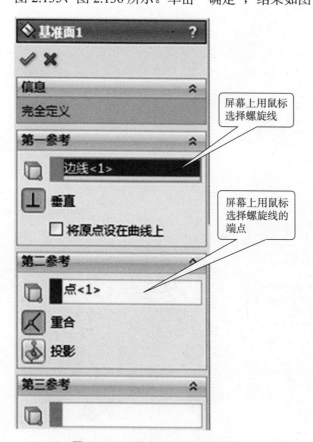

图2.135　"基准面"属性管理器

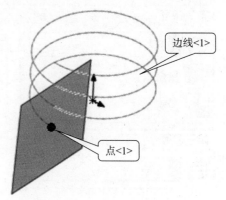

图2.136　选择曲线、点

6. 运用曲面切平面创建基准面

该方式用于创建一个与空间面或圆形曲面相切于一点的基准面。

打开"运用曲面切平面创建基准面"文件，如图 2.137（a）所示的圆柱。

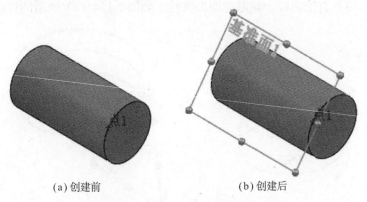

(a) 创建前   (b) 创建后

图 2.137　运用曲面切平面创建基准面

选择"基准面"命令后，系统打开"基准面"属性管理器。

"第一参考"在图形区选择圆柱面，"第二参考"在图形区选择圆柱的圆周上一点（此点利用"参考几何体"＞"点"命令在圆周上创建），如图 2.138、图 2.139 所示。单击"确定"，结果如图 2.137（b）所示。

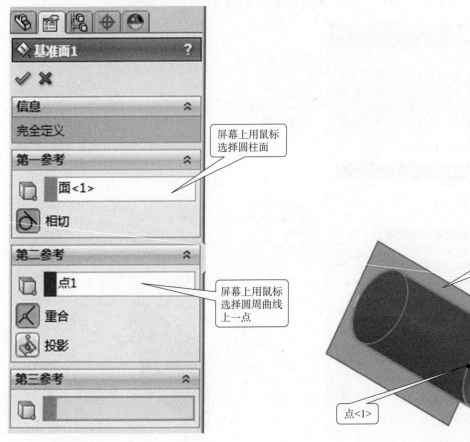

图 2.138　"基准面"属性管理器　　　　图 2.139　选择曲面、点

思考与练习

1. SolidWorks 的草图绘制过程是什么？

2. 草图的状态有几种？

3. 中心线的主要作用是什么？

4. 用单选方法选择多个实体时，需要按哪个键？

5. 如何为草图实体添加几何关系？

6. 绘制下列草图（图 2.140~图 2.145），并使它们完全定义。

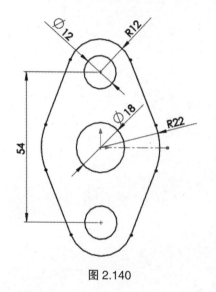

图 2.140

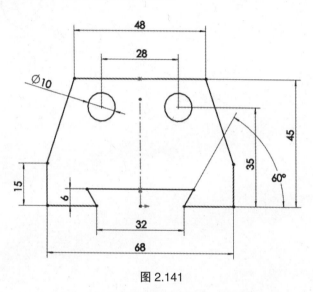

图 2.141

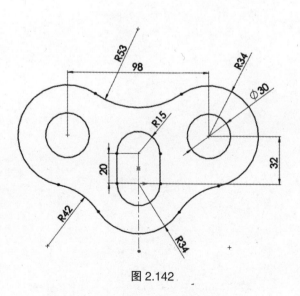

图 2.142

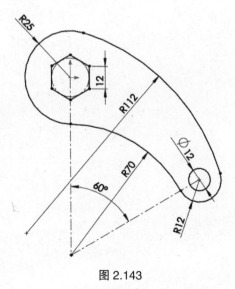

图 2.143

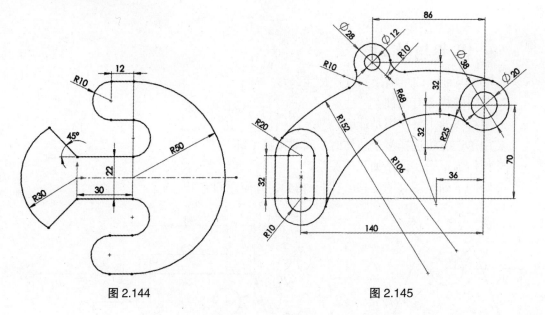

图 2.144   图 2.145

第**3**章

拉伸——棱柱建模

拉伸特征是 SolidWorks 模型中最常用的建模特征。它的特点是在完成草图绘制后，将一个或多个轮廓沿着特定方向拉伸出特征实体。

3.1 拉伸生成棱柱

【例 3.1】 创建如图 3.1 所示的正六棱柱。

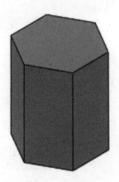

图 3.1 正六棱柱

1. 选择草图基准面

因为棱柱是直立的，因此，选择上视基准面作为草图平面。

单击特征管理器设计树中的"上视基准面"，再单击"草图"选项卡上的或"草图"工具栏上的"草图绘制"命令按钮，因为是零件的第一个草图，上视基准面自动与屏幕重合，进入草图绘制模式。从屏幕右下角也可以看到现在是编辑草图 1 的状态。

2. 绘制草图——正六边形

单击"草图"选项卡上的或"草图"工具栏上的"多边形"命令按钮。

鼠标单击草图原点，显示预览的六边形，它的大小随鼠标移动而变化。同时屏幕左侧打开"多边形"属性管理器，如图 3.2 所示。鼠标在某一位置单击后，六边形的草图就绘制完成，如图 3.3 所示。这时草图线条是蓝色的，说明草图状态是欠定义的。从屏幕右下角也可以看到草图状态为欠定义。

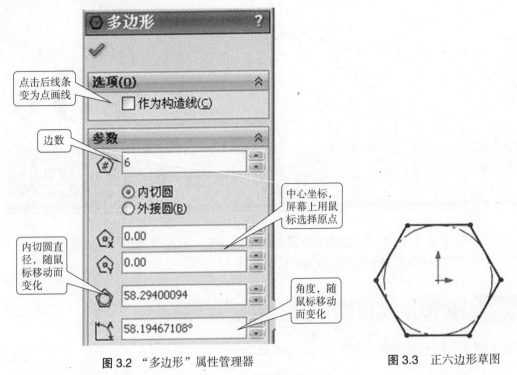

图 3.2 "多边形"属性管理器　　　　　　　图 3.3 正六边形草图

3. 添加几何关系

单击六边形的一条边线,如图 3.4(a)所示,系统打开"线条"属性管理器,如图 3.4(b)所示。在"添加几何关系"选项中单击"竖直",在"现有几何关系"中显示"竖直",如图 3.5(a)所示,草图的变化结果如图 3.5(b)所示。这样六棱柱在三面投影体系中前后棱面就是正平面。最后,单击"确定"。

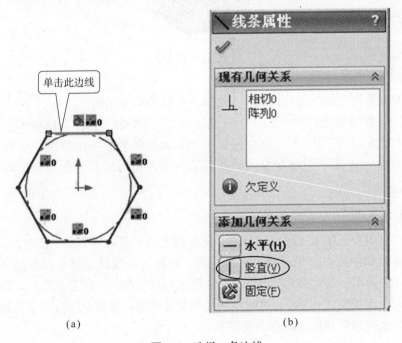

(a)　　　　　　　　　　　　　(b)

图 3.4 选择一条边线

(a)

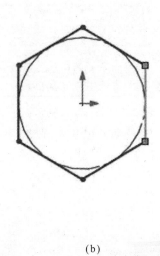

(b)

图 3.5　添加"竖直"几何条件

4. 标注尺寸

单击"草图"选项卡或"草图"工具栏上的"智能尺寸",标注六边形的对边距尺寸为 30,如图 3.6 所示。此时,草图线条颜色变为黑色,草图完全定义。

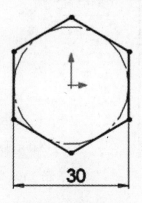

图 3.6　标注尺寸

5. 拉伸生成棱柱

草图成为完全定义后,就可以退出草图绘制,下一步就可以生成所要的特征。

生成拉伸特征时,也可以不退出草图绘制,直接拉伸生成特征。

单击"特征"选项卡的"拉伸凸台 / 基体"命令按钮,如图 3.7 所示,或单击"特征"工具栏上的"拉伸凸台 / 基体"命令按钮,如图 3.8 所示。系统打开"拉伸"信息,如图 3.9 所示。在绘图区单击六边形草图,系统打开"凸台－拉伸"属性管理器,如图 3.10 所示。绘图区正六边形自动变成轴测图状态,并显示棱柱预览。

SolidWorks 第一个草图生成特征时,自动以上下二等角轴测显示。以后建立特征时,所绘草图不会自动变为轴测图状态。

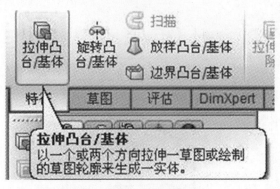

图 3.7 "特征"选项卡上的
"拉伸凸台 / 基体"命令

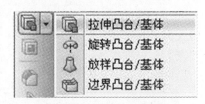

图 3.8 "特征"工具栏上的
"拉伸凸台 / 基体"命令

图 3.9 拉伸信息

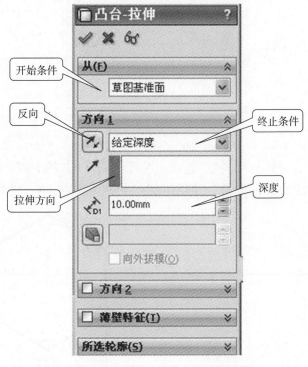

图 3.10 "凸台 – 拉伸"属性管理器

相关说明如下。

（1）开始条件：设定拉伸特征的开始条件，选项如图 3.11 所示。

（2）拉伸方向：默认情况下是垂直草图平面方向，垂直草图平面拉伸有正、反两个方向。如果在图形区域中选择一边线、点、平面作为拉伸方向的向量，则拉伸将平行于所选方向向量。

（3）终止条件：定义拉伸特征在拉伸方向上的终止位置，即实体在拉伸方向上的长度。在拉伸的终止条件中，有给定深度、两侧对称等选项，如图 3.12 所示。给定深度预览如图 3.13 所示，如果单击反向，预览如图 3.14 所示，两侧对称预览如图 3.15 所示。本例选择拉伸深度，在深度框中输入 40，单击"确定"按钮 ✓，棱柱就生成了，如图 3.1 所示。

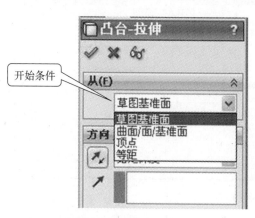

图 3.11 拉伸开始条件

图 3.12 拉伸终止条件

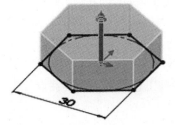

图 3.13 给定深度拉伸预览

图 3.14 反向拉伸预览

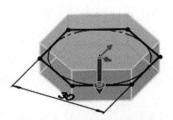

图 3.15 两侧对称拉伸预览

SolidWorks 中第一个建立的特征称为 "基体特征"，如本例拉伸生成的六棱柱就可以称为拉伸基体特征。基体特征是零件的基础。保存零件，文件名称为 "六棱柱"。

3.2 六棱柱的三视图

六棱柱实体模型生成后，可以创建它的工程图，这里我们重点介绍六棱柱三视图生成的步骤。

【例 3.2】 生成六棱柱的三视图。

单击 "标准" 工具栏上的 "从零件 / 装配体制作工程图" 按钮，如图 3.16 所示，进入工程图文件模式。屏幕左侧显示 "工程图" 工具栏和特征管理器设计树，如图 3.17 所示。系统打开 "图纸格式 / 大小" 对话框，如图 3.18 所示。这里我们选择A4（GB），单击 "确定"。

图 3.16 制作工程图按钮

图 3.17 "工程图"工具栏和
特征管理器设计树

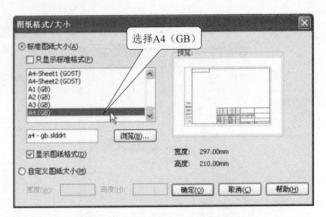

图 3.18 "图纸格式/大小"对话框

图纸格式/大小选择确定后，图形区右侧显示视图调色板，如图 3.19 所示。将右视图拖放到图纸区域，作为主视图。此时，屏幕左侧打开"投影视图"属性管理器。因为视图调色板里"自动开始投影视图"默认状态是勾选的，右视图拖放到图形区后，向下拖放生成俯视图，向右拖放生成左视图，还可以拖放生成等轴测图，单击"确定"，六棱柱的三视图就完成了，如图 3.20 所示。左侧六棱柱工程图特征管理器设计树如图 3.21 所示。

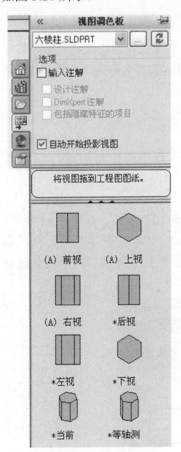

图 3.19 视图调色板

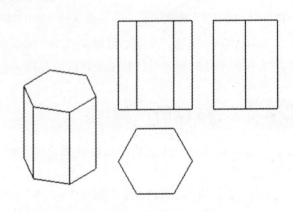

图 3.20 六棱柱三视图和等轴测图

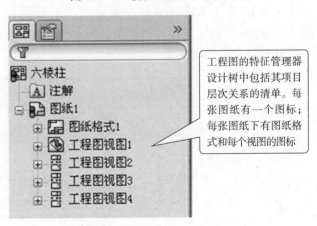

图 3.21 工程图特征管理器设计树

如果在拖放视图到图纸区域前，把视图调色板里的"输入注解"的项目都勾选上，再生成三视图时会带有尺寸标注，如图 3.22 所示。但尺寸标注不完全符合我国标准，可以通过修改"选项"里的尺寸来修改。

单击菜单"工具">"选项"，选择"文档属性"，单击"尺寸"。"文本"选项里，字体选 ISOCP，高度取 3.5。"箭头"选项里选择实心箭头，大小可调。"延伸线"选项里，"缝隙"取 0，"超出尺寸线"取 3，单击"确定"。这里棱柱的高度尺寸 40 标注在左视图上了，可以删除它，然后调用"智能尺寸"命令标注在主视图上。修改后的尺寸标注如图 3.23 所示。

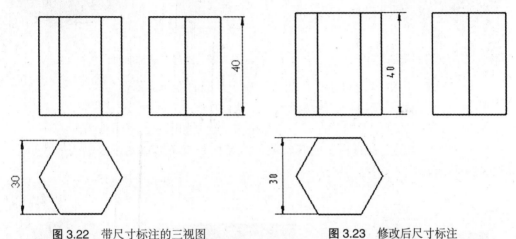

图 3.22　带尺寸标注的三视图　　　　　　　图 3.23　修改后尺寸标注

保存工程图文件，文件名称为"六棱柱"。

执行"另存为"命令，可以将工程图文件保存成其他格式，如图 3.24 所示。比如保存成".dwg"后缀文件，这样用 Auto CAD 软件就可以编辑了。

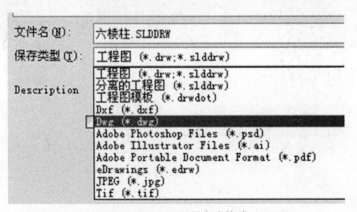

图 3.24　工程图另存为格式

3.3　平面切割六棱柱

【例 3.3】　生成切割六棱柱，如图 3.25 所示。

选择右视基准面作为草图平面，单击特征管理器设计树的右视基准面，弹出一个快捷菜单，同时绘图区显示右视基准面，如图 3.26 所示。

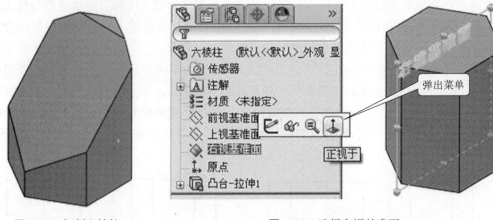

图 3.25 切割六棱柱　　　　　　　　图 3.26 选择右视基准面

单击图 3.26 图中的"正视于"按钮 ，右视基准面即与屏幕重合。

单击"草图绘制"按钮，进入草图绘制模式，如图 3.27 所示。

单击"草图"选项卡上的"直线"命令按钮，绘制如图 3.28 所示三角形草图。

单击"标准视图"工具栏上的等轴测，六棱柱和三角形草图以等轴测样式显示，如图 3.29 所示。

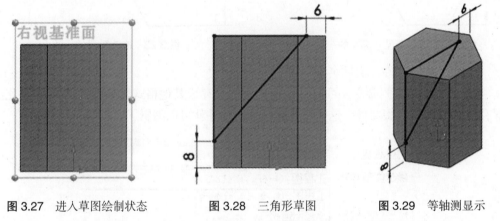

图 3.27 进入草图绘制状态　　　图 3.28 三角形草图　　　图 3.29 等轴测显示

单击"特征"选项卡上的"拉伸切除"，如图 3.30 所示，系统打开"切除－拉伸"属性管理器，图形区显示预览，如图 3.31 所示。

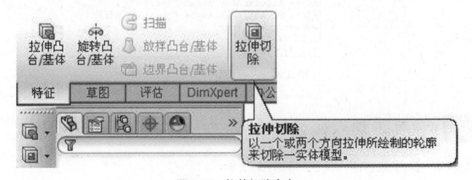

图 3.30 拉伸切除命令

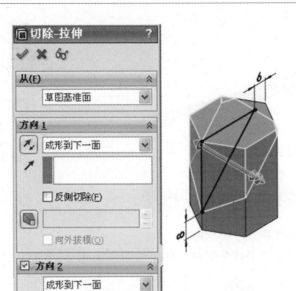

图 3.31 "切除 – 拉伸" 属性管理器和预览

单击"确定",切除结果如图 3.25 所示。

3.4 切割六棱柱的三视图

完成六棱柱切割后,再打开"六棱柱"工程图文件,三视图自动更新,如图 3.32 所示。

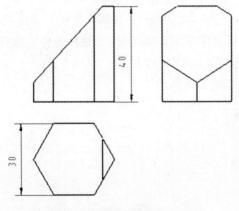

图 3.32 切割六棱柱的三视图

3.5 拉伸特征实例——铅笔笔杆

【例 3.4】 生成如图 3.33 所示铅笔笔杆。

新建一个零件文件。

选择右视基准面作为草图平面,绘制草图,如图 3.34 所示。

拉伸笔杆,长度为 175。

保存零件,文件名称为"铅笔笔杆"。

图 3.33 铅笔笔杆

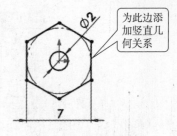

为此边添加竖直几何关系

图 3.34 六边形草图

3.6 拉伸特征实例——扳手

【例 3.5】 生成如图 3.35 所示扳手。

打开第 2 章的"扳手草图"零件文件，如图 3.36 所示。

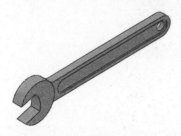

图 3.35 扳 手

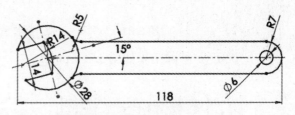

图 3.36 扳手草图

1. 拉伸生成扳手头部

首先退出草图绘制，这样拉伸预览比较清晰。

单击"特征"选项卡上的"拉伸凸台 / 基体"按钮，系统打开"凸台-拉伸"属性管理器，"所选轮廓"选择扳手草图左侧部分，"终止条件"选择"两侧对称"，"深度"取 7.5。图形区显示拉伸预览，如图 3.37 所示。

单击"确定"，结果如图 3.38 所示。

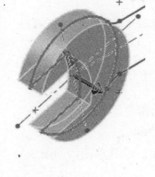

图 3.37 "凸台-拉伸"属性管理器和预览

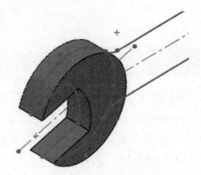

图 3.38 扳手头部

2. 拉伸生成手柄部分

单击"特征"选项卡上的"拉伸凸台／基体"按钮，系统打开"凸台-拉伸"属性管理器。"所选轮廓"选择扳手草图右侧部分，"终止条件"选择"两侧对称"，"深度"取 5。图形区显示预览，如图 3.39 所示。

单击"确定"，结果如图 3.40 所示。

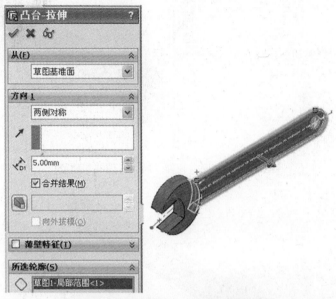

图 3.39 "凸台-拉伸"属性管理器和预览

图 3.40 拉伸结果

3. 拉伸切除生成手柄凹槽部分

选择手柄部分的前端面作为草图平面，使用"直槽口"命令绘制如图 3.41 所示凹槽草图。

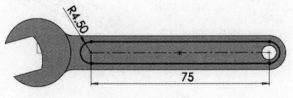

图 3.41 凹槽草图

单击"特征"选项卡或"特征"工具栏上的"拉伸切除"，系统打开"切除-拉伸"属性管理器,图形区显示切除预览,如图 3.42 所示。

单击"确定",得到切除结果,如图 3.43 所示。

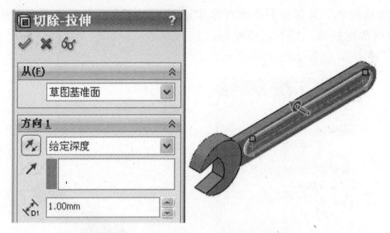

图 3.42 "切除–拉伸"属性管理器和预览

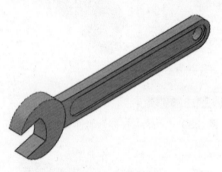

图 3.43 切除结果

4. 镜向凹槽

单击"特征"选项卡上的"镜向"命令按钮 镜向,系统打开"镜向"属性管理器,镜向面选择右视基准面,要镜向的特征选择凹槽特征。图形区显示预览,如图 3.44 所示。

单击"确定",得到如图 3.35 所示扳手。

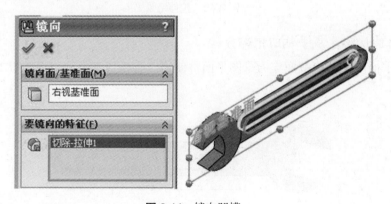

图 3.44 镜向凹槽

保存零件,文件名称为"扳手"。

思考与练习

1. 根据如图 3.45 所示视图创建其模型。

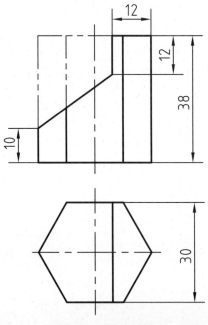

图 3.45　切割六棱柱

2. 拉伸图 2.140 所示草图生成如图 3.46 所示模型。

3. 拉伸图 2.141 所示草图生成如图 3.47 所示模型。

图 3.46　拉伸模型 1

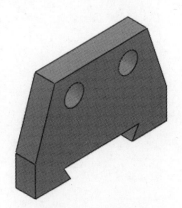

图 3.47　拉伸模型 2

第 **4** 章
放样——棱锥建模

放样是指利用两个或多个截面在轮廓之间进行过渡生成的特征。放样的截面轮廓线可以是草图、曲线、模型边线，仅第一个或最后一个轮廓可以是点，这两个轮廓也可以均为点。

棱锥基本体就可以用放样的方法生成。

如图 4.1 所示，正四棱锥可以由两个草图放样生成，一个是棱锥的顶点，一个是棱锥的底面正方形。底面正方形可以在上视基准面上绘制，顶点则需在另外一个基准面上绘制。因此我们首先要创建新的基准面。

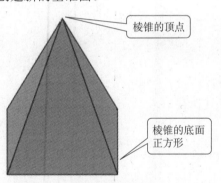

棱锥的顶点

棱锥的底面正方形

图 4.1　正四棱锥

4.1　放样生成棱锥

【例 4.1】　创建如图 4.1 所示的正四棱锥。

新建一个零件文件。

1. 新建一个基准面 1

单击特征管理器设计树中的上视基准面，在弹出的快捷菜单中单击"显示"按钮，如图 4.2 所示，它便显示在绘图区。单击"标准视图"工具栏上的"正等测"按钮，使上视基准面以等轴测样式显示。

按住 Ctrl 键，在绘图区单击上视基准面边框并

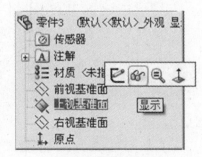

图 4.2　显示基准面

向上拖动，系统打开"基准面"属性管理器，新基准面与上视基准面平行，距离为 40（棱锥的高度），图形区显示预览，如图 4.3 所示。

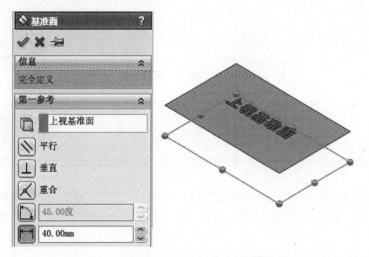

图 4.3 "基准面"属性管理器和预览

单击"确定"，就创建了基准面 1，如图 4.4 所示。

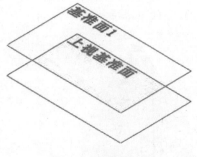

图 4.4 基准面 1

2. 绘制草图

1）绘制棱锥底面正方形草图

先单击特征管理器设计树里的基准面 1 或绘图区的基准面边框，在弹出的快捷菜单里选择隐藏，这样方便绘制草图，如图 4.5 所示。

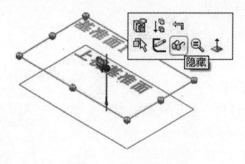

图 4.5 隐藏基准面 1

单击上视基准面，再单击"草图绘制"命令按钮，因为是第一个草图，上视基准面自动与屏幕重合，进入草图绘制模式。

单击"多边形"命令按钮,以草图原点为中心绘制正方形,标注边长尺寸为30,如图4.6所示。

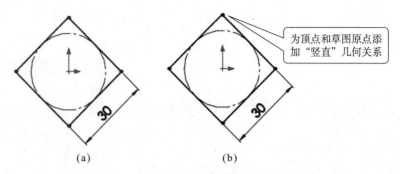

为顶点和草图原点添加"竖直"几何关系

(a)　　　　　　　　(b)

图4.6 绘制正方形草图

按住 Ctrl 键,单击草图原点和正方形的上边的顶点,在左侧属性管理器里添加几何条件"竖直",草图线条变为黑色,说明草图完全定义。

退出草图绘制,绘图区显示如图4.7(a)所示。单击"标准视图"工具栏里的"等轴测"按钮,草图显示成等轴测图状态,如图4.7(b)所示。

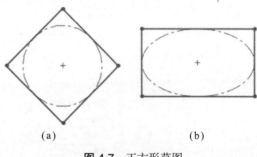

(a)　　　　　　　　(b)

图4.7 正方形草图

2)绘制棱锥的顶点

单击特征管理器设计树中的基准面1,在弹出的快捷菜单里选择单击"显示",基准面1就显示在绘图区。

单击"草图绘制",进入草图绘制模式,再单击"标准视图"工具栏上的"正视于"按钮⚓,基准面1即与屏幕重合。

单击"草图"选项卡或"草图"绘制工具栏上的"点"按钮※,在草图原点绘制一点,如图4.8所示。

退出草图绘制。

单击"标准视图"工具栏上的"等轴测"按钮,两个草图显示如图4.9所示。

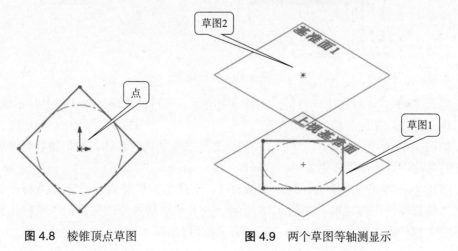

点

草图2

基准面1

上视基准面

草图1

图4.8 棱锥顶点草图　　　　　图4.9 两个草图等轴测显示

3. 放样生成棱锥

单击"特征"选项卡上的"放样凸台 / 基体"按钮 🔔，如图 4.10 所示，或单击"特征"工具栏上的"放样凸台 / 基体"按钮，如图 4.11 所示，系统打开"放样"属性管理器，如图 4.12 所示。

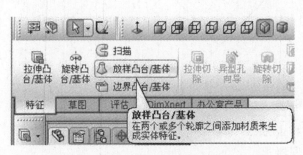

图 4.10　"特征"选项卡上的放样命令按钮

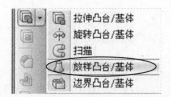

图 4.11　"特征"工具栏上的放样命令按钮

图 4.12　"放样"属性管理器

单击选择草图 1 和草图 2，它们显示在"放样"属性管理器的"轮廓"框格里，同时图形区显示放样棱锥预览，如图 4.13 所示。

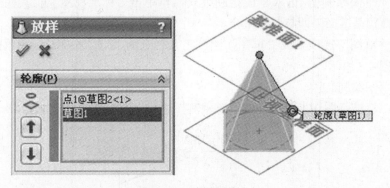

图 4.13　放样预览

单击"确定"，放样生成棱锥，如图 4.1 所示。在特征管理器设计树里显示放样 1。保存零件，文件名称为"四棱锥"。

如图 4.14 所示，放样 1、草图 1、草图 2 是系统默认的名称。我们可以修改特征和草图的名称，这样使用时更方便。

右键单击特征管理器设计树里的放样 1，在弹出的快捷菜单里选择"特征属性"，弹出"特征属性"对话框，如图 4.15 所示。在名称框格里修改名称为"放样 1 棱锥"，对草图 1 和草图 2 作类似的修改，修改后的设计树如图 4.16 所示。

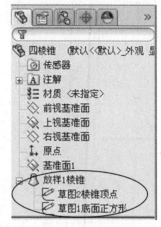

图 4.14 系统默认特征和草图名称　　**图 4.15** "特征属性"对话框　　**图 4.16** 修改后的名称

也可以双击特征或草图名称来修改名称。

4.2 棱锥的三视图

在第 3 章中我们生成棱柱三视图时采用的方法是从"视图调色板"拖放到图纸上，这里我们使用"标准三视图"命令来生成四棱锥的三视图。

单击"标准"工具栏上的"从零件/装配体制作工程图"，选择（A4）GB 图纸格式。

单击"视图布局"选项卡上的或"工程图"工具栏上的"标准三视图"命令按钮，如图 4.17 所示。系统打开"标准三视图"属性管理器，如图 4.18 所示。

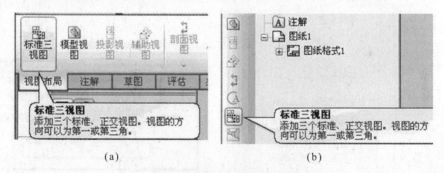

(a)　　　　　　　　　　　　　　　　(b)

图 4.17 "标准三视图"命令按钮

图 4.18 "标准三视图"属性管理器

83

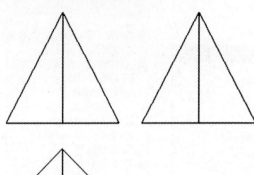

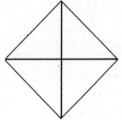

图 4.19 四棱锥三视图

如果想制作其他零件的三视图，可以单击"浏览"选择其他零件文件。这里"四棱锥"就在打开文档里，单击"确定"按钮 ✅，系统默认的标准三视图就显示在图形区，如图 4.19 所示。单击每个视图拖动鼠标可以调整它们之间的位置。

在第 3 章里我们知道，符合我国标准的主视图应是系统默认的右视。可以这样修改，单击默认三视图里的主视图，屏幕左侧打开"工程视图"属性管理器，如图 4.20 所示。单击标准视图的右视，系统打开改变视图方向的提示，如图 4.21 所示，单击"是"，由于四棱锥是前后、左右对称的，于是得到与图 4.19 相同的三视图。

图 4.20 单击右视

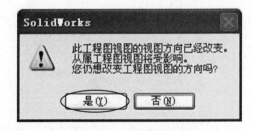

图 4.21 改变视图方向

保存工程图文件，文件名称为"四棱锥"。

4.3 切割四棱锥

【例 4.2】 创建如图 4.22 所示的切割四棱锥。

打开"四棱锥"零件文件。

选择右视基准面作为草图平面进入草图绘制模式，然后单击"正视于"按钮，使右视基准面与屏幕重合。

选择"直线"命令，绘制三角形草图，标注尺寸，如图 4.23 所示。

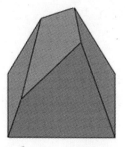

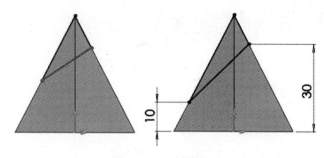

图 4.22　切割四棱锥　　　　　　　　　　　图 4.23　三角形草图

单击"标准视图"工具栏上的"等轴测"按钮，图形区模型显示如图 4.24 所示。

单击"特征"选项卡上的"拉伸切除"，系统打开"切除–拉伸"属性管理器，方向 1 和方向 2 的终止条件都选择"成形到下一面"。图形区显示预览，如图 4.25 所示。单击"确定"，得到切角后的四棱锥，如图 4.22 所示。

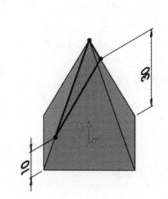

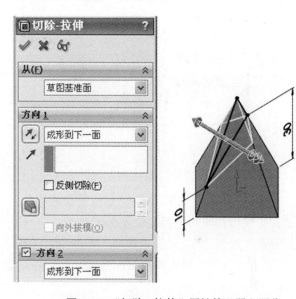

图 4.24　草图以轴测图样式显示　　　　　　图 4.25　"切除–拉伸"属性管理器和预览

再打开工程图文件"四棱锥"，更新为切割后的三视图，如图 4.26 所示。

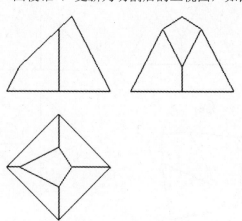

图 4.26　切割后的三视图

4.4 切割四棱锥截平面的实形

【例 4.3】 绘制四棱锥切割后截平面的实形。

要得到四棱锥切割后截平面的实形，可以使用"辅助视图"命令。

单击"视图布局"选项卡或"工程图"工具栏上的"辅助视图"，如图 4.27 所示。屏幕显示辅助视图信息，如图 4.28 所示。

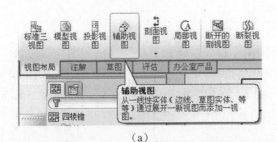

（a）

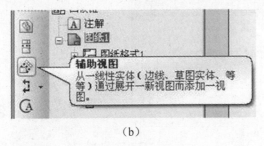

（b）

图 4.27 辅助视图

图 4.28 辅助视图信息

在图形区单击主视图上的正垂截平面的投影，显示辅助视图，如图 4.29 所示。这里箭头、字母和辅助视图的位置都可调。

双击"视图 A"，显示"注释"管理器，选择"手工视图标号"，删除"视图"。在"选项"里修改箭头样式和视图标号的字体，得到如图 4.30 所示视图。

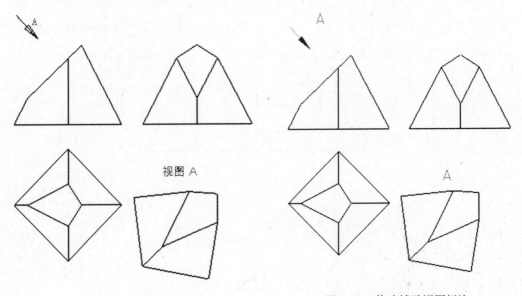

图 4.29 辅助视图 A

图 4.30 修改辅助视图标注

4.5 放样特征实例——漏斗

【例 4.4】 放样生成如图 4.31 所示漏斗。

图 4.31 漏 斗

1. 新建一个零件文件

新建一个零件文件，并保存文件，文件名称为"漏斗"。

2. 新建两个基准面

单击"特征"选项卡上的"参考几何体"下拉的"基准面"，或单击下拉菜单"插入">"参考几何体">"基准面"，系统打开"基准面"属性管理器。设置和预览如图 4.32 所示，"第一参考"选择"上视基准面"，"偏移距离"取 70，"要生成的基准面数"取 2。单击"确定"，得到两个新建基准面，如图 4.33 所示。

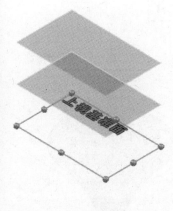

图 4.32 "基准面"属性管理器的设置和预览

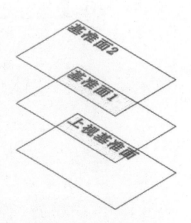

图 4.33 三个基准面

3. 绘制三个草图

1）在上视基准面上绘制草图

选择上视基准面，单击"草图绘制"，上视基准面与屏幕重合。以草图原点为圆心

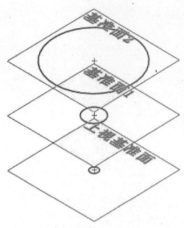

图 4.34　三个草图

绘制圆，直径为 12。

退出草图绘制。

2）在基准面 1 上绘制草图

选择基准面 1，单击"草图绘制"，单击"正视于"，使基准面 1 与屏幕重合。以草图原点为圆心绘制圆，直径为 30。

退出草图绘制。

3）在基准面 2 上绘制草图

选择基准面 2，单击"草图绘制"，单击"正视于"，使基准面 2 与屏幕重合。以草图原点为圆心绘制圆，直径为 120。

退出草图绘制。得到如图 4.34 所示三个草图。

4. 放样漏斗实体

单击"特征"选项卡上的"放样基体 / 凸台"命令按钮，系统打开"放样"属性管理器，在其中的"轮廓"选项中依次选择草图 1、草图 2、草图 3，图形区显示预览，如图 4.35 所示。单击"确定"，得到如图 4.36 所示漏斗实体。

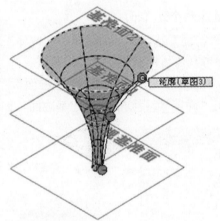

图 4.35　"放样"属性管理器和预览

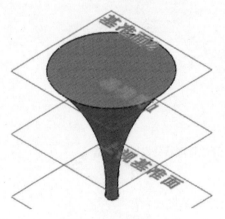

图 4.36　漏斗实体

5. 抽壳生成漏斗

单击"特征"选项卡上的"抽壳"命令按钮，如图 4.37 所示。系统打开"抽壳"属性管理器，厚度取 2，要移出的面选择（单击）漏斗实体的顶面和底面，图形区显示预览，如图 4.38 所示。

图 4.37 抽壳命令

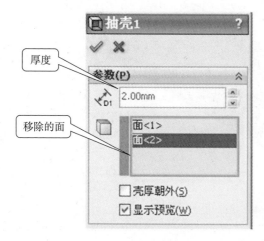

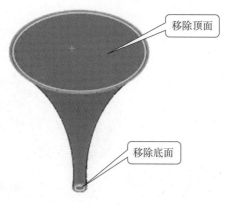

图 4.38 "抽壳"属性管理器和预览

单击"确定"，得到如图 4.31 所示漏斗。

单击"前导视图"工具栏上的"剖面视图"，在"剖面视图"属性管理器中，剖面选择右视基准面，如图 4.39 所示。预览如图 4.40（a）所示。

单击"确定"，剖面视图如图 4.40（b）所示。

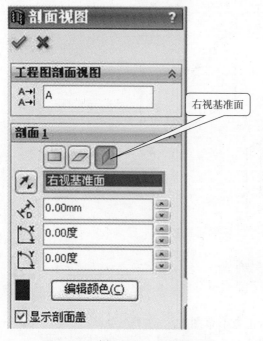

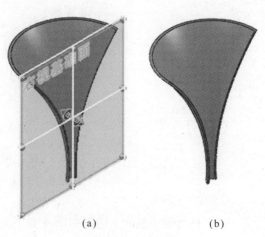

（a）　　　　　　（b）

图 4.39 "剖面视图"属性管理器　　图 4.40 剖面视图

89

4.6 放样特征实例——凿子

【例 4.5】 生成如图 4.41 所示凿子。

1. 新建一个零件文件

新建一个零件文件，并保存文件，文件名称为"凿子"。

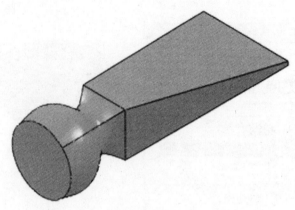

图 4.41 凿 子

2. 创建基准面

单击下拉菜单"插入">"参考几何体">"基准面"，显示"基准面"属性管理器。

以前视基准面为第一参考，距离为 25，创建基准面 1。

以基准面 1 为第一参考，距离为 25，创建基准面 2。

以基准面 2 为第一参考，距离为 40，创建基准面 3。

以前视基准面为第一参考，距离为 200，反转方向，创建基准面 4。最后得到如图 4.42 所示基准面。

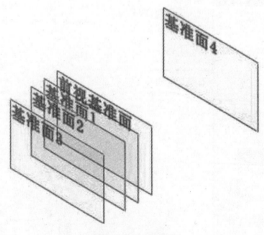

图 4.42 基准面

3. 绘制草图

（1）在前视基准面上绘制如图 4.43 所示正方形草图 1。

（2）在基准面 1 上绘制如图 4.44 所示圆草图 2。

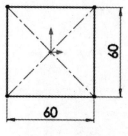

图 4.43 草图 1

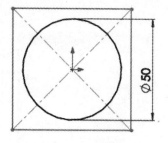

图 4.44 草图 2

（3）在基准面 2 上绘制如图 4.45 所示圆草图 3。

几何条件是草图 3 圆外接草图 1 正方形。

（4）在基准面 3 上绘制与草图 3 相同的圆草图 4，如图 4.46 所示。

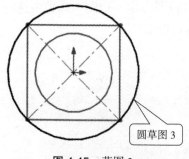

图 4.45 草图 3

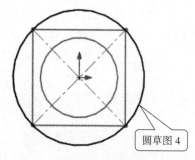

图 4.46 草图 4

（5）在基准面 4 上绘制如图 4.47 所示矩形草图 5。

得到五个草图，如图 4.48 所示。

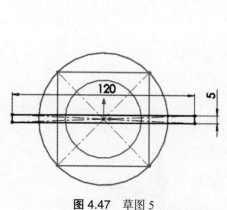

图 4.47 草图 5

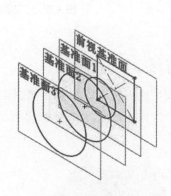

图 4.48 五个草图

4. 放 样

1）放样左端

单击"特征"选项卡上的"放样基体 / 凸台"，在"放样"属性管理器中的"轮廓"选项中依次选择草图 1、草图 2、草图 3、草图 4。图形区显示预览，如图 4.49 所示。

单击"确定"。

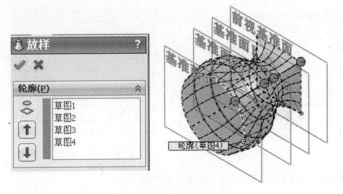

图 4.49　左端放样

2）放样右端

单击"放样基体/凸台"，在"放样"属性管理器中的"轮廓"选项中选择左端放样的右端面和草图5。图形区显示预览，如图4.50所示。

单击"确定"，得到如图4.41所示凿子。

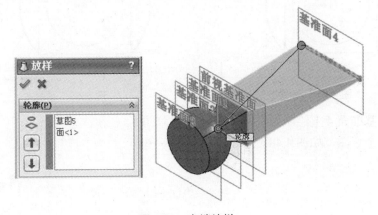

图 4.50　右端放样

 思考与练习

1. 使用"放样"生成天圆地方模型，如图4.51所示，尺寸自定。
2. 使用"放样"生成五角星，如图4.52所示，尺寸自定。

图 4.51　天圆地方模型

图 4.52　五角星

第5章

拉伸、旋转——圆柱建模

圆柱可以用拉伸方法生成，先绘制一个圆草图，然后拉伸生成圆柱特征。

圆柱也可以用旋转方法生成，先绘制一个矩形，然后绕其中一条边线旋转生成圆柱。

5.1 拉伸生成圆柱

5.1.1 拉伸生成实心圆柱

【例 5.1】 创建一个如图 5.1 所示的圆柱。

1. 绘制圆草图

新建一个零件文件。

选择上视基准面作为草图平面，进入草图绘制模式。

单击"草图"工具栏或"草图"选项卡上的"圆"命令，以草图原点为圆心绘制一个圆，并标注尺寸 30，如图 5.2 所示。

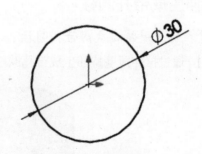

图 5.1 圆 柱   图 5.2 圆草图

2. 拉伸生成圆柱

单击"特征"选项卡上的"拉伸凸台 / 基体"按钮，系统打开"凸台 – 拉伸"属性管理器。选择拉伸高度为 40，图形区显示拉伸圆柱预览，如图 5.3 所示。

单击"确定"，得到如图 5.1 所示的圆柱。

保存零件文件，文件名称为"拉伸圆柱"。

修改特征管理器设计树中特征的名称"凸台-拉伸1"为"凸台-拉伸1—圆柱"，如图 5.4 所示。

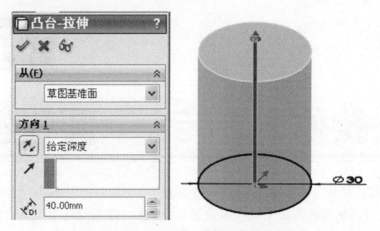

图 5.3 "凸台-拉伸"属性管理器和预览

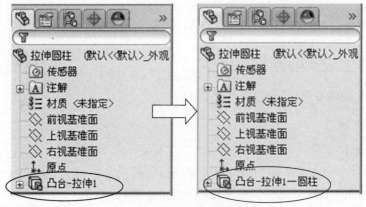

图 5.4 修改特征名称

5.1.2 拉伸生成带孔圆柱

1. 通过拉伸薄壁特征生成带孔圆柱

【例5.2】 通过拉伸薄壁特征生成带孔圆柱，如图 5.5 所示。

图 5.5 带孔圆柱

打开例 5.1 创建的"拉伸圆柱"零件文件。

右键单击特征管理器设计树中的"凸台－拉伸 1—圆柱"特征，在弹出的菜单中单击"删除"，如图 5.6 所示。系统打开"确认删除"对话框，如图 5.7 所示。单击"是"，绘图区只显示草图，如图 5.8 所示。

图 5.6　删除特征

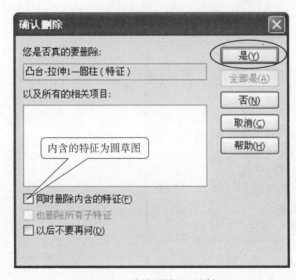

图 5.7　"确认删除"对话框

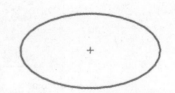

图 5.8　显示草图

单击"特征"选项卡上的"拉伸凸台／基体"，系统显示选择草图信息，单击图形区圆草图，系统打开"凸台－拉伸"属性管理器，选择拉伸高度为 40，勾选"薄壁特征"，厚度取 5，图形区显示预览，按需要单击"反向"，如图 5.9 所示。

单击"确定"，得到如图 5.5 所示带孔圆柱。

保存零件，文件名称为"带孔圆柱—薄壁特征"。

特征管理器设计树显示"拉伸－薄壁 1"，如图 5.10 所示。

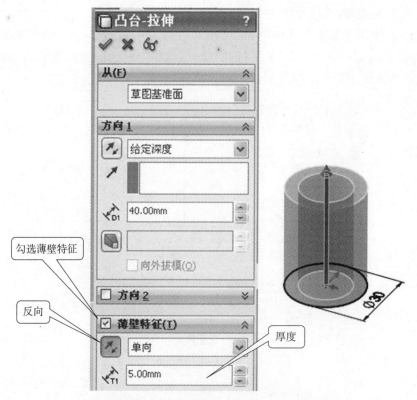

图 5.9　"凸台–拉伸"属性管理器和预览

图 5.10　拉伸–薄壁特征显示在设计树

2. 通过草图拉伸生成带孔圆柱

【例 5.3】　通过草图拉伸生成带孔圆柱，如图 5.5 所示。

打开例 5.1 创建的"拉伸圆柱"零件文件。

单击特征管理器设计树中的"凸台–拉伸 1—圆柱"特征，在弹出的菜单中单击"编辑草图"，如图 5.11 所示。图形区显示圆柱预览，如图 5.12 所示。单击"标准视图"上的"正视于"按钮，草图平面与屏幕重合，如图 5.13 所示。

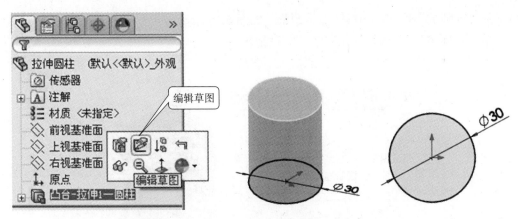

图 5.11 编辑草图　　　　图 5.12 圆柱预览　　　图 5.13 正视于草图平面

在图 5.13 中再绘制一个圆，标注直径尺寸为 20，如图 5.14 所示。单击"确认角落"的"退出草图"，屏幕显示如图 5.15（a）所示，单击"标准视图"工具栏上的"等轴测"按钮，图形区显示带孔圆柱，如图 5.15（b）所示。

保存零件，文件名称为"带孔圆柱—草图拉伸"。

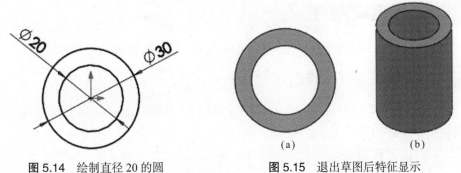

图 5.14 绘制直径 20 的圆　　　　图 5.15 退出草图后特征显示

3. 通过草图拉伸切除生成带孔圆柱

【例 5.4】 通过草图拉伸切除生成带孔圆柱，如图 5.5 所示。

打开例 5.1 创建的"拉伸圆柱"零件文件。

选择圆柱的顶面作为草图平面，单击"正视于"按钮，圆柱顶面作为草图平面即与屏幕重合，如图 5.16 所示。

单击"草图"工具栏上的"圆"命令按钮，绘制圆草图，直径为 20，如图 5.17 所示。

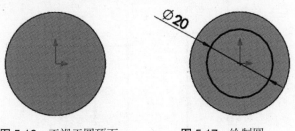

图 5.16 正视于圆顶面　　　　图 5.17 绘制圆

单击"特征"选项卡上的"拉伸切除"按钮，系统打开"切除－拉伸"特征属性管理器，"终止条件"选择"成形到下一面"或"完全贯穿"，单击"标准视图"工具栏上的"等轴测"按钮，图形区显示预览，如图 5.18 所示。

单击"确定"，得到如图 5.5 所示带孔圆柱。

保存零件，文件名称为"带孔圆柱—草图切除"。

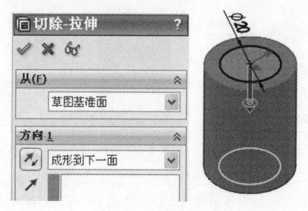

图 5.18　切除预览

5.2　旋转生成圆柱

旋转特征是由草图截面绕选定的作为旋转轴的直线旋转而成的一种特征。

5.2.1　旋转生成实心圆柱

【例 5.5】　使用旋转特征生成实心圆柱，如图 5.1 所示。

新建一个零件文件。

1. 绘制矩形草图

选择右视基准面（或前视基准面）作为草图平面，进入草图绘制模式。

单击"草图"工具栏上的"中心线"命令按钮，绘制一条竖直的中心线，旋转特征时它作为旋转轴。当草图里只有一条中心线时，在旋转特征时，系统默认它是旋转轴。

单击绘制"边角矩形"命令按钮，以草图原点为一个角点画矩形，并标注尺寸如图 5.19 所示。

退出草图绘制。

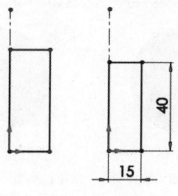

图 5.19　矩形草图

2. 旋转生成圆柱

单击"特征"选项卡上的"旋转凸台／基体"按钮 ，如图5.20所示。屏幕左侧显示旋转信息，如图5.21所示。

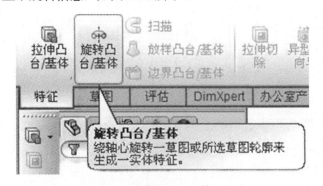

图5.20　"旋转凸台／基体"命令

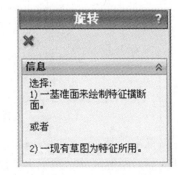

图5.21　旋转信息

单击图形区矩形草图，系统打开"旋转"属性管理器，图形区显示预览，如图5.22所示。

单击"确定"，得到如图5.1所示圆柱。

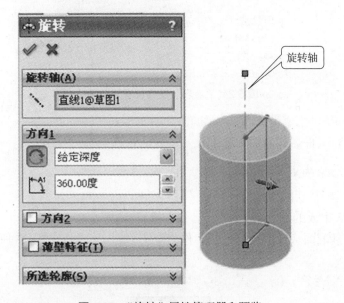

图5.22　"旋转"属性管理器和预览

保存零件，文件名称为"旋转圆柱"。

5.2.2　旋转生成带孔圆柱

1. 旋转凸台特征生成带孔圆柱

【例5.6】旋转凸台特征生成带孔圆柱。

新建一个零件文件。

选择右视基准面（或前视基准面）作为草图平面，进入草图绘制模式，使用"边角矩形"命令绘制草图，如图5.23（a）所示。按住Ctrl键，单击矩形底边和草图原点，添加"重合"几何关系，如图5.23（b）所示。

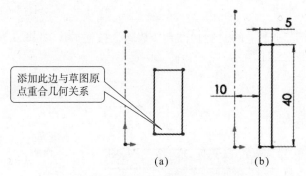

图 5.23　旋转生成带孔圆柱草图

单击"特征"选项卡上的"旋转凸台 / 基体"命令按钮，系统打开"旋转"属性管理器，图形区显示预览，如图 5.24 所示。

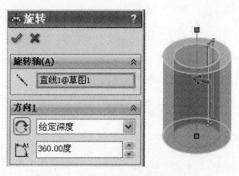

图 5.24　"旋转"属性管理器和预览

单击"确定"，生成带孔圆柱，如图 5.5 所示。

保存零件，文件名称为"带孔圆柱—旋转凸台"。

2. 旋转切除生成带孔圆柱

【例 5.7】 旋转切除生成带孔圆柱。

打开例 5.5 生成的"旋转圆柱"。

选择右视基准面（或前视基准面）作为草图平面，绘制如图 5.25 所示的草图。

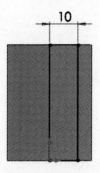

图 5.25　绘制矩形草图

单击"特征"选项卡上的"旋转切除"按钮，系统打开"切除－旋转"属性管理器，绘图区显示预览，如图 5.26 所示。

单击"确定"，生成带孔圆柱，如图 5.5 所示。

保存零件，文件名称为"带孔圆柱—旋转切除"。

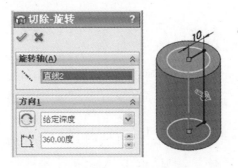

图 5.26 "切除－旋转"属性管理器和预览

5.3 使用"简单直孔"生成带孔圆柱

【例 5.8】 使用"简单直孔"生成带孔圆柱。

打开例 5.1 创建的"拉伸圆柱"零件文件。

单击下拉菜单"插入" > "特征" > "孔" > "简单直孔"，系统打开"孔"信息，提示为孔中心选择放置平面，在图形区单击圆柱顶面，作为孔中心位置平面，如图 5.27 所示。

图 5.27 "孔"信息

系统打开"孔"属性管理器，"终止条件"选择"完全贯穿"，孔直径取 20，图形区显示预览，如图 5.28 所示。

拖动预览中的蓝色圆的圆心，捕捉圆柱顶面圆心，使它们重合，释放鼠标，圆变成黑色，单击"确定"，生成孔，如图 5.29 所示。

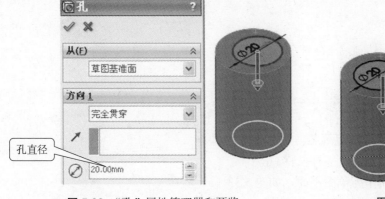

图 5.28 "孔"属性管理器和预览

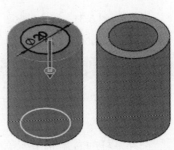

图 5.29 拖动圆心定位

保存零件，文件名称为"带孔圆柱—简单直孔"。

5.4 圆柱的三视图

【例5.9】 生成"拉伸圆柱"的三视图。

前面介绍了从"视图调色板"拖放视图和使用"工程图"工具栏的"标准三视图"生成工程图方法，现在我们从新建工程图文件开始生成工程图。

单击下拉菜单"文件"＞"新建"，在"新建SolidWorks文件"中单击"工程图"。系统打开"图纸格式／大小"对话框，选择"A4（GB）"。

屏幕显示"模型视图"信息提示，如图5.30所示。单击"浏览"，选择"拉伸圆柱"，系统打开"模型视图"特征属性管理器，单击"标准视图"里的右视，在绘图区单击得到主视图，拖动鼠标得到俯视图和左视图，如图5.31所示。

单击屏幕左下角的图层，选择"点划线层"，删除俯视图上的"中心符号线"，在三视图上绘制中心线，如图5.32所示。

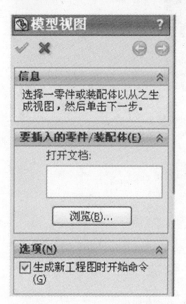

图5.30 "模型视图"信息

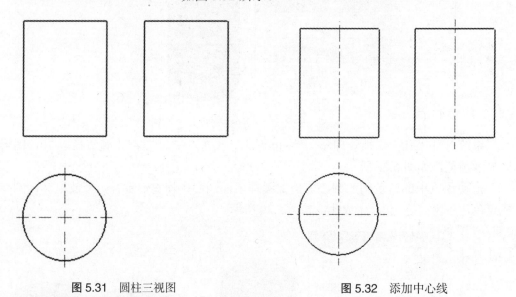

图5.31 圆柱三视图 图5.32 添加中心线

5.5 拉伸圆柱实例——铅笔笔芯

【例5.10】 拉伸生成铅笔笔芯。

打开第3章"铅笔笔杆"零件文件。

选择笔杆的右端面作为草图平面，如图5.33（a）所示。

选择圆孔的边线，如图5.33（b）所示。

单击"草图"工具栏上的"转换实体引用"，得到圆草图，如图5.33（c）所示。

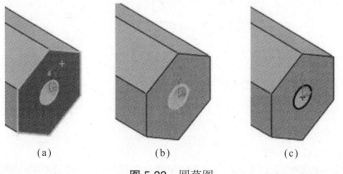

（a）　　　　　　　　（b）　　　　　　　　（c）

图5.33　圆草图

拉伸铅笔笔芯，"终止条件"选择"成形到一面"，此面选择笔杆的左端面，如图5.34所示。在"凸台－拉伸"属性管理器里不要勾选"合并结果"，如图5.35所示，这样笔芯和笔杆是两个独立的实体，显示结果如图5.36所示。

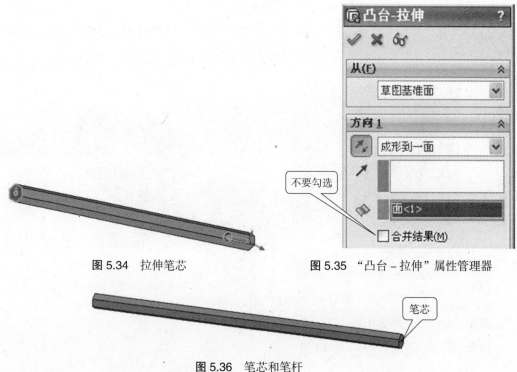

图5.34　拉伸笔芯　　　　　　　　图5.35　"凸台－拉伸"属性管理器

图5.36　笔芯和笔杆

保存零件，文件名称为"铅笔笔芯"。

5.6　旋转特征实例——手柄

【例5.11】　旋转生成手柄。

打开第2章的"手柄草图"零件文件，如图5.37所示。

退出草图绘制，单击"特征"选项卡上的"旋转凸台／基体"按钮，屏幕显示旋转信息提示，如图5.38所示。

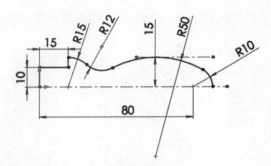

图 5.37 手柄草图

图 5.38 自动封闭草图提示

单击"是"即可。系统打开"旋转"属性管理器，图形区显示预览，如图 5.39 所示。

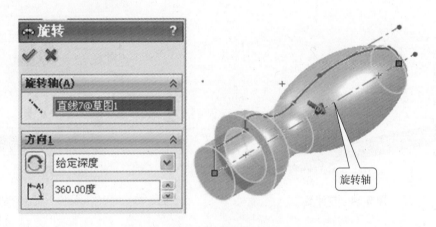

图 5.39 "旋转"属性管理器和预览

单击"确定"，得到手柄模型，如图 5.40 所示。

保存零件，文件名称为"手柄"。

图 5.40 手 柄

5.7　旋转切除特征实例——切削铅笔

【例 5.12】 切削铅笔。

打开"铅笔笔芯"零件文件。

选择前视基准面为草图平面，在铅笔左端绘制草图，如图 5.41 所示。

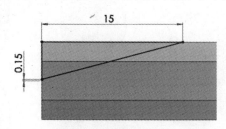

图 5.41　旋转切除草图

单击"前导视图"工具栏上的"隐藏 / 显示项目"下的"观阅临时轴"，如图 5.42 所示。临时轴显示出来，如图 5.43 所示。

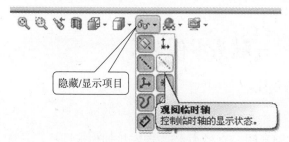

图 5.42　观阅临时轴

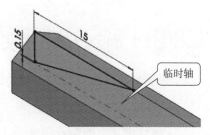

图 5.43　临时轴

单击"特征"选项卡上的"旋转切除"按钮。在"切除 - 旋转"属性管理器中，"旋转轴"选择临时轴，图形区显示预览，如图 5.44 所示。

单击"确定"，得到切削的铅笔，笔头铅芯直径 0.3，如图 5.45 所示。

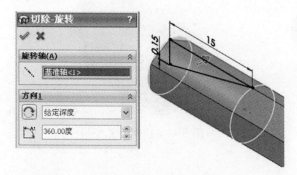

图 5.44　"切除-旋转"属性管理器和预览

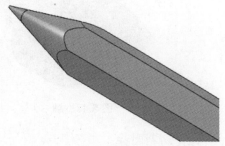

图 5.45　切削后的铅笔

保存零件，文件名称为"铅笔切削"。

5.8　平面切割圆柱

平面切割圆柱的三种情况如下：

（1）平面平行于圆柱轴线，截交线是矩形，如图 5.46（a）所示。

（2）平面垂直于圆柱轴线，截交线是圆，如图 5.46（b）所示。

（3）平面倾斜于轴线，截交线是椭圆，如图 5.46（c）所示。

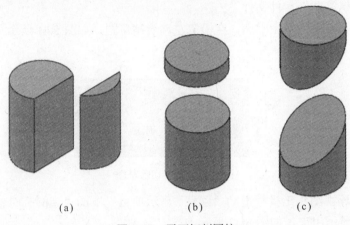

(a)   (b)   (c)

图 5.46 平面切割圆柱

5.9 平面切割圆柱实例——触头零件

【例 5.13】 建立如图 5.47 所示触头零件。

1. 生成圆柱

选择前视基准面为草图平面，绘制圆草图，直径为 15，向左拉伸生成圆柱，长度为 15。

选择刚建立的圆柱右端面为草图平面，绘制圆，直径为 6，向右拉伸，长度为 8。得到如图 5.48 所示两圆柱。

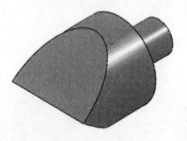

图 5.47 触 头

图 5.48 拉伸生成两圆柱

2. 切割圆柱

选择右视基准面为草图平面，单击"正视于"命令按钮，绘制如图 5.49 所示草图。这里草图不是一个封闭的图形。当我们完全切除立体一个角（而不是一部分）时，可以用不封闭的草图来切割。

退出草图绘制。

单击"特征"选项卡上的"拉伸切除"命令按钮，系统打开"切除 - 拉伸"属性管理器，图形区显示切除预览，如图 5.50 所示。

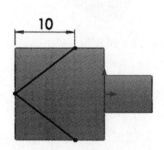

图 5.49 截切草图

图 5.50 "切除-拉伸"属性管理器和预览

单击"确定",得到如图 5.47 所示零件。

保存零件文件,文件名称为"触头"。

3. 触头的三视图

触头的三视图和等轴测图如图 5.51 所示。从"视图调色板"拖放右视到图形区作为主视图,然后拖放生成俯视图和左视图。单击主视图,在属性管理器中的"显示样式"中选择"隐藏线可见",这样左视图就显示出右端小圆柱的虚线投影;在"比例"中选择"1∶1",如图 5.52 所示。单击等轴测图,显示样式选择"消除隐藏线",等轴测图就不显示虚线了。

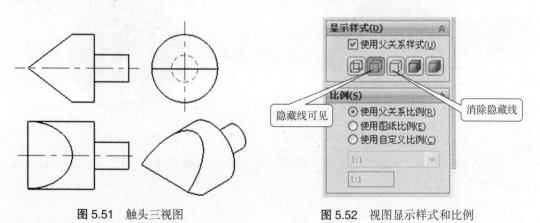

图 5.51 触头三视图

图 5.52 视图显示样式和比例

5.10 平面切割圆柱实例——接头零件

【例 5.14】 建立如图 5.53 所示接头零件。

1. 拉伸圆柱

选择前视基准面为草图平面,绘制圆草图,两侧对称拉伸,长度为 25,如图 5.54 所示。

107

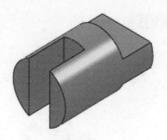

图 5.53　接　头

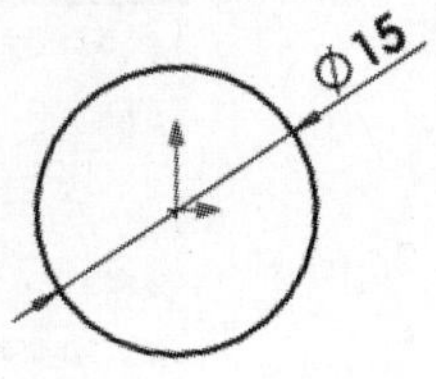

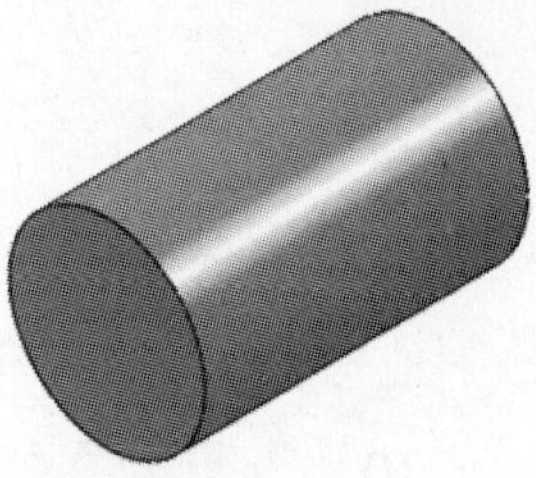

图 5.54　接头圆柱

2. 左侧切槽

选择刚建立的圆柱左端面为草图平面，进入绘制草图。

我们首先将"动态镜向实体"命令按钮拖放到"草图"工具栏上，方法如下。

单击下拉菜单"工具">"自定义"，弹出"自定义"对话框，选择"命令"标签，单击"草图"，右侧显示草图绘制的所有命令，单击"动态镜向实体"按钮 不放，拖放到图形区右侧的"草图"工具栏上。

使用"中心线"命令绘制一条竖直的中心线，如图 5.55 所示。

单击刚绘制的中心线，再单击"动态镜向实体"，中心线显示对称符号，如图 5.55 所示。

用直线命令绘制一条竖直的直线，同时中心线另一侧也绘制出与之对称的直线，如图 5.56 所示。

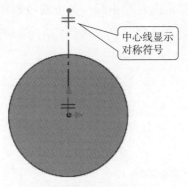

图 5.55　中心线和对称符号

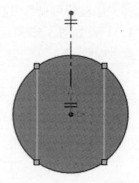

图 5.56　绘制对称直线

单击圆周边线，如图 5.57（a）所示，再单击"转换实体引用"，得到圆草图，如图 5.57（b）所示。

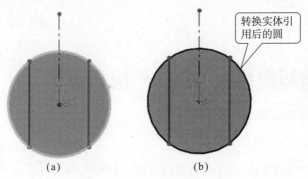

(a)　　　　　　　　　(b)

图 5.57　转换实体引用绘制圆

单击"草图绘制"工具栏上的"裁剪"按钮，选择"裁剪到最近端"。单击两条直线外侧的圆弧，把两段圆弧裁剪掉，保留两直线之间的两段圆弧，如图5.58所示。

标注尺寸为6，如图5.59所示。

单击"特征"选项卡上的"拉伸切除"按钮，深度为10，得到如图5.60所示切槽后的立体。

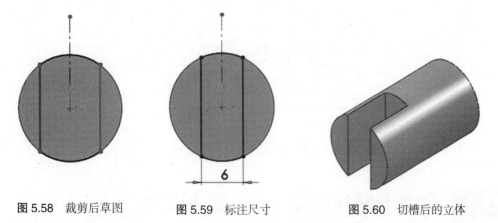

图 5.58　裁剪后草图　　　　　图 5.59　标注尺寸　　　　　图 5.60　切槽后的立体

3. 右侧切角

选择右视基准面作为草图平面，绘制如图5.61所示的草图。

单击"特征"选项卡上的"拉伸切除"，方向1和方向2的终止条件都选择"成形到下一面"，得到如图5.62所示切除一个角后的立体。

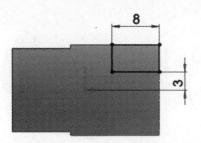
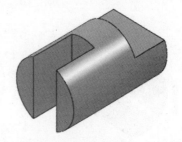

图 5.61　绘制矩形草图　　　　　　　　图 5.62　右侧切除一个角

单击"特征"选项卡上的"镜向"按钮，系统打开"镜向"属性管理器，如图5.63所示。镜向面选择"上视基准面"，要镜向的特征选择切除的一角，单击"确定"，得到如图5.53所示的接头立体。

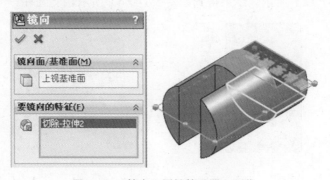

图 5.63　"镜向"属性管理器和预览

4. 接头的三视图

接头的三视图和等轴测图如图 5.64 所示。

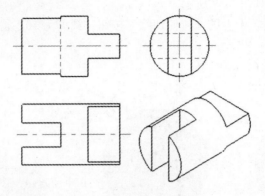

图 5.64 接头三视图和等轴测图

5.11 圆柱与圆柱相交——三通建模

【例 5.15】 生成如图 5.65 所示三通模型。

1. 生成水平圆柱

选择前视基准面为草图平面,绘制圆草图,两侧对称拉伸,长度为 50,如图 5.66 所示。

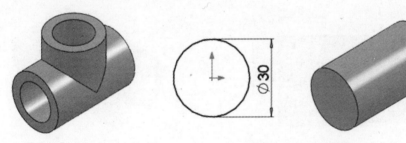

图 5.65 三通模型   图 5.66 拉伸水平圆柱

2. 生成竖直圆柱

选择上视基准面为草图平面,绘制圆草图,直径为 30,然后拉伸生成圆柱,长度为 25,如图 5.67(a)所示。结果得到如图 5.67(b)所示相交圆柱。

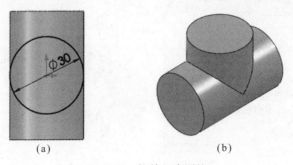

(a)   (b)

图 5.67 拉伸竖直圆柱

3. 生成孔

单击下拉菜单"插入">"特征">"孔">"简单直孔",系统打开"孔"信息,提示为孔中心选择放置平面,在图形区单击水平圆柱左端面,作为孔中心位置平面。系统打开"孔"属性管理器,"终止条件"选择"完全贯穿",孔直径取20,绘图区显示预览,如图5.68(a)所示。拖动孔圆心与圆柱左端面的圆心重合,如图5.68(b)所示。单击"确定",得到如图5.69所示左右通孔。

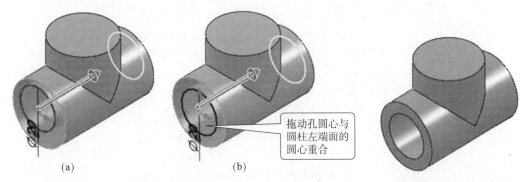

拖动孔圆心与圆柱左端面的圆心重合

(a)　　　　　　　(b)

图 5.68　生成孔 1 预览　　　　　　图 5.69　生成孔 1

用同样的方法在竖直圆柱上生成孔,但"终止条件"要选择"成形到下一面",结果如图5.70所示。

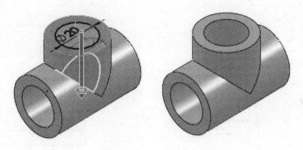

图 5.70　生成孔 2

4. 三通模型的三视图和等轴测图

1)三视图和等轴测图

图5.71是三通的三视图和等轴测图,三视图以"隐藏线可见"样式显示,等轴测图以"消除隐藏线"样式显示。

2)剖视图

删除三视图里的主视图和左视图,在俯视图上绘制一条直线作为剖切线,如图5.72所示。

单击绘制的剖切线,如图5.73所示。然后单击"工程图"工具栏上的"剖面视图",如图5.74所示。图形区显示剖面视图的预览,如图5.75所示。

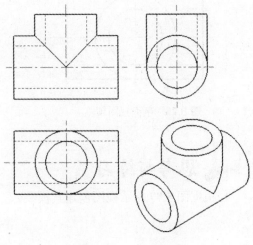

图 5.71　三通的视图

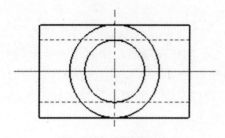

图 5.72 绘制剖切线

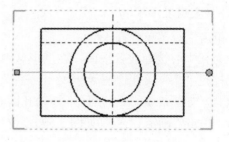

图 5.73 选择剖切线

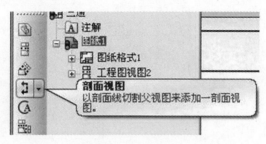

图 5.74 剖面视图命令

在"剖面视图"属性管理器里勾选"反转方向",修改箭头和文字样式,得到三通模型的剖视图,如图 5.76 所示。

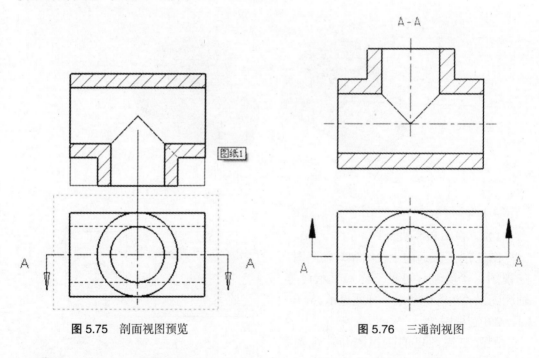

图 5.75 剖面视图预览

图 5.76 三通剖视图

思考与练习

1. 根据图 5.77 所示视图创建其模型。

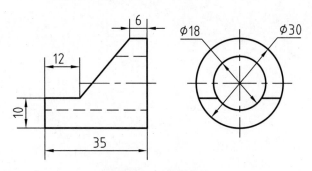

图 5.77　切割圆柱体

2. 根据图 5.78 所示视图创建滑轮模型。

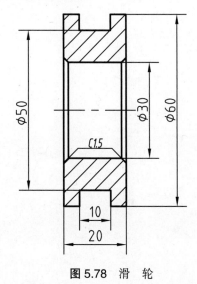

图 5.78　滑　轮

第**6**章

旋转、拉伸——圆锥建模

6.1 旋转生成圆锥

【例 6.1】 旋转生成如图 6.1 所示圆锥。

新建一个零件文件。

选择前视基准面作为草图平面，单击"草图"选项卡上的"草图绘制"，进入草图绘制模式，因为是第一个草图，进入草图绘制模式后前视基准面自动与屏幕重合。

单击"草图"选项卡上的"直线"按钮 ，绘制如图6.2 所示三角形草图，标注尺寸。

单击"特征"选项卡上的"旋转"按钮 ，系统打开"旋转"属性管理器，旋转轴选择竖直的直角边，图形区显示预览，如图 6.3 所示。

单击"确定"，得到如图 6.1 所示圆锥。

保存文件，文件名称为"圆锥"。

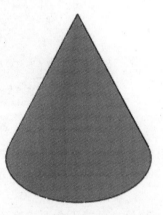

图 6.1 圆 锥

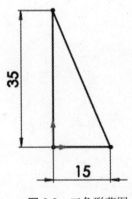

图 6.2 三角形草图

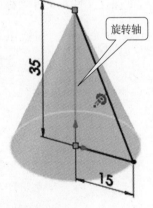

图 6.3 "旋转"属性管理器和预览

6.2 拉伸生成圆锥

当已知圆锥锥角时，可以使用拉伸时选择拔模功能生成圆锥。

【例6.2】 拉伸生成如图6.4所示圆锥，锥角为40°。

新建一个零件文件。

选择上视基准面作为草图平面，单击"草图绘制"，绘制一个圆草图，标注直径为30，如图6.5所示。

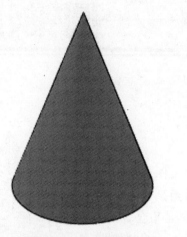

图6.4 拉伸圆锥

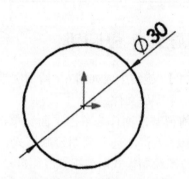

图6.5 圆草图

单击"特征"选项卡上的"拉伸凸台/基体"按钮，系统打开"凸台-拉伸"属性管理器，如图6.6所示。

单击"拔模开/关"，拔模角度输入20（锥角40°），深度可以尝试输入几个数值，数值小可能不会形成锥顶，再输入较大的数值，直到拉伸时形成圆锥锥顶，预览如图6.7所示。

单击"确定"，得到如图6.4所示圆锥。

保存文件，文件名称为"拉伸圆锥"。

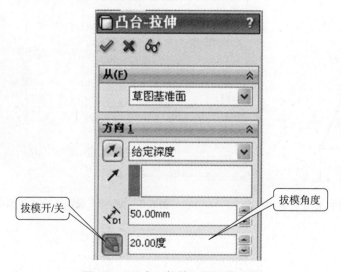

图6.6 "凸台-拉伸"属性管理器

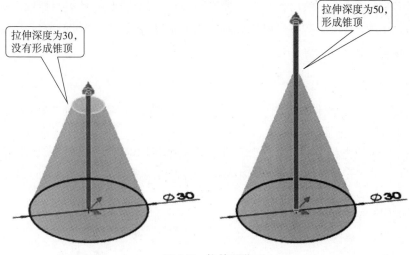

拉伸深度为30，没有形成锥顶

拉伸深度为50，形成锥顶

图 6.7　拉伸预览

6.3 圆锥三视图

打开"圆锥"零件文件，单击"标准"工具栏上的"从零件/装配体制作工程图"，选择 A4（GB）标准图纸，从"视图调色板"拖放视图到图纸，得到圆锥三视图和轴测图，如图 6.8 所示。

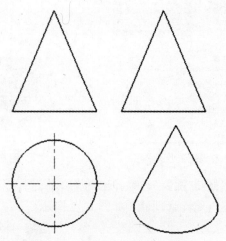

图 6.8　圆锥三视图和轴测图

6.4 切割圆锥——圆锥曲线

常用的平面曲线如圆、椭圆、抛物线、双曲线等都可以通过平面切割圆锥得到。一个圆锥可以通过不同位置的平面切割得到不同的曲线，这里我们使用配置来完成各种位置平面切割圆锥。

6.4.1 配置概念

使用配置可以在单一的文件中对零件或装配体生成多个设计变化。要生成一个配置，先指定名称与属性，然后再根据需要来修改模型以生成不同的设计变化。

在零件文档中，使用配置可以生成具有不同尺寸、特征和属性的零件系列。

6.4.2 手动建立配置

手动建立配置的步骤：

（1）在零件或装配体文档中，单击特征管理器设计树顶部的"配置管理器"标签 切换到配置管理器。

（2）在配置管理器，用右键单击零件或装配体名称，然后选择"添加配置"。

（3）在"添加配置"属性管理器中输入一个配置名称并指定新配置的属性。

（4）单击"确定"。

（5）单击特征管理器设计树标签 ，返回到特征管理器设计树。

（6）按照需要修改模型以生成设计变体。

6.4.3 建立平面切割圆锥的不同配置

【例 6.3】 建立平面切割圆锥的不同配置。

打开"圆锥"零件文件。

单击特征管理器设计树顶部的配置管理器，如图 6.9 所示，进入配置管理器，如图 6.10 所示。

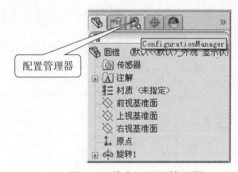

图 6.9 单击"配置管理器"

图 6.10 配置管理器

右键单击零件名称"圆锥 配置"，在弹出的菜单中选择"添加配置"，如图 6.11 所示。系统打开"添加配置"属性管理器，如图 6.12 所示。

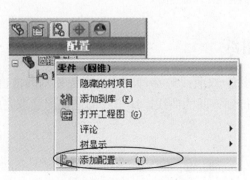

图 6.11 选择"添加配置"

图 6.12 "添加配置"属性管理器

1. 建立切割平面垂直圆锥轴线——截交线为圆的配置

如图 6.13 所示，在"配置名称"里输入"截交线为圆"，"说明"里输入"平面垂直圆锥轴线切割"。

单击"确定"。配置管理器中显示新添加的配置，如图 6.14 所示。

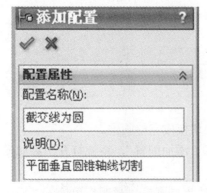

图 6.13 截交线为圆配置   图 6.14 显示新配置

单击特征管理器设计树标签 ，返回到特征管理器设计树，如图 6.15 所示。

选择前视基准面作为草图平面，绘制如图 6.16 所示直线草图。

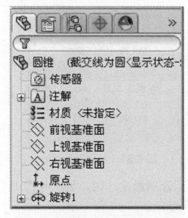

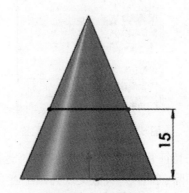

图 6.15 返回到特征管理器设计树   图 6.16 直线草图

单击"特征"选项卡上的"拉伸切除"按钮 ，预览如图 6.17 所示。单击"确定"，得到如图 6.18 所示结果。

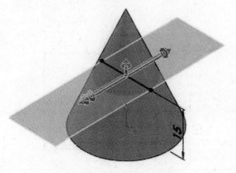

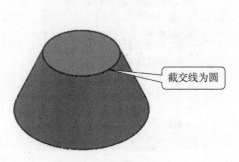

图 6.17 拉伸切除预览   图 6.18 切除结果

2. 建立切割平面倾斜圆锥轴线——截交线为椭圆的配置

首先回到默认配置（即完整圆锥）状态。

单击特征管理器设计树顶部的配置标签 切换到配置管理器，如图 6.19 所示。

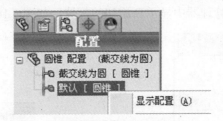

图 6.19　配置管理器

右键单击"默认"，选择"显示配置"，图形区又切换成完整圆锥。

右键单击零件名称"圆锥 配置（默认）"，选择"添加配置"，系统打开"添加配置"属性管理器。

如图 6.20 所示，在"配置名称"里输入"截交线为椭圆"，"说明"里输入"平面倾斜圆锥轴线切割"。

单击"确定"。配置管理器里显示新添加的配置，如图 6.21 所示。

图 6.20　截交线为椭圆配置

图 6.21　显示新配置

单击特征管理器设计树标签 ，返回到特征管理器设计树，如图 6.22 所示，可以看出"切除–拉伸 1"（截交线为圆配置）是灰色显示。

选择右视基准面作为草图平面，绘制如图 6.23 所示直线草图，直线与圆锥轴线倾斜，它们的夹角大于圆锥的半锥角。

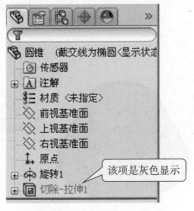

图 6.22　特征管理器设计树

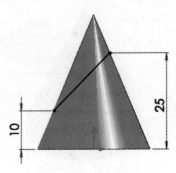

图 6.23　直线草图

单击"特征"选项卡上的"拉伸切除"按钮 ，预览如图 6.24 所示。单击"确定"，得到如图 6.25 所示结果。

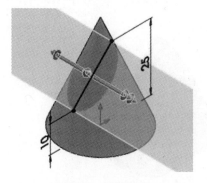

图 6.24 切除预览

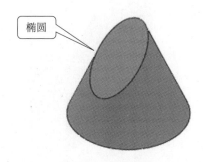

图 6.25 切除结果

3. 建立切割平面倾斜圆锥轴线——截交线为抛物线的配置

新建配置，名称"截交线为抛物线"，如图 6.26 所示。然后回到特征管理器设计树。选择右视基准面作为草图平面，绘制如图 6.27 所示草图。

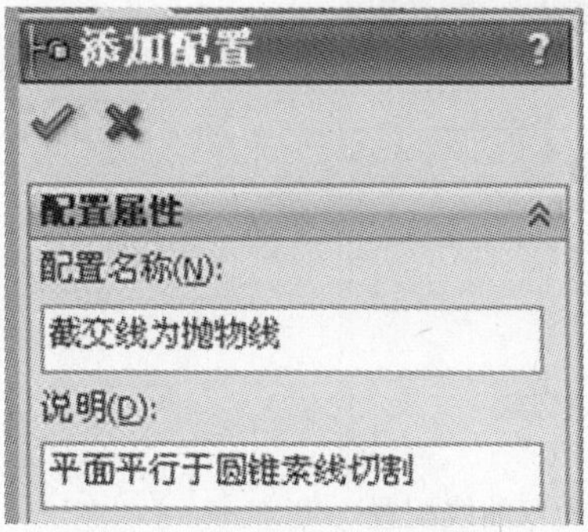

图 6.26 截交线为抛物线配置

图 6.27 直线草图

选择直线和圆锥轮廓边线，添加"平行"几何关系，如图 6.28 所示。

图 6.28 添加"平行"几何关系

单击"特征"选项卡上的"拉伸切除"按钮🔲，预览如图 6.29 所示。单击"确定"，得到如图 6.30 所示结果。

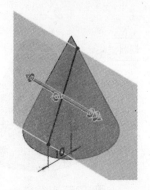

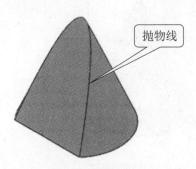

图 6.29　切除预览　　　　　　　　图 6.30　切除结果

4. 建立切割平面平行于圆锥轴线——截交线为双曲线的配置

新建配置，名称"截交线为双曲线"，如图 6.31 所示。然后回到特征管理器设计树。

图 6.31　截交线为双曲线配置

1）新建一个圆锥，与现有的圆锥形成对顶锥

选择右视基准面作为草图平面，绘制如图 6.32 所示对顶锥草图，然后旋转生成对顶锥，如图 6.33 所示。

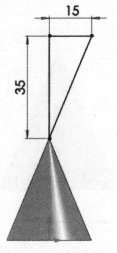

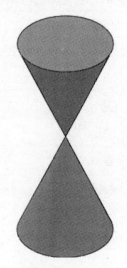

图 6.32　对顶锥草图　　　　　　　图 6.33　对顶锥

2）拉伸切除生成双曲线

选择右视基准面为草图平面，绘制如图 6.34 所示直线草图。

单击"特征"选项卡上的"拉伸切除"按钮，预览如图 6.35 所示。单击"确定"，得到如图 6.36 所示结果。

图 6.34 直线草图

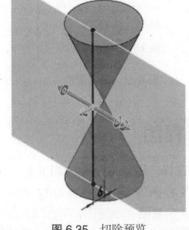

图 6.35 切除预览

图 6.36 切除结果

5. 建立切割平面过圆锥锥顶——截交线为三角形的配置

新建配置，名称"截交线为三角形"，如图 6.37 所示。然后回到特征管理器设计树。

选择右视基准面作为草图平面，绘制如图 6.38 所示直线草图。

图 6.37 截交线为三角形配置

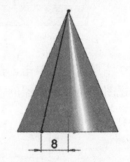

图 6.38 直线草图

单击"特征"选项卡上的"拉伸切除"按钮，预览如图 6.39 所示。单击"确定"，得到如图 6.40 所示结果。

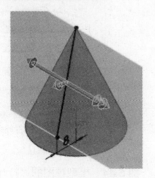

图 6.39 切除预览

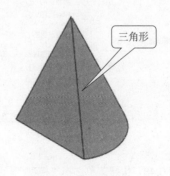

图 6.40 切除结果

单击配置管理器，所有的配置如图6.41所示。保存零件。

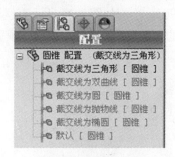

图6.41　所有配置

6.5　切割圆锥的工程图

打开"圆锥"零件文件，选择"默认"配置为当前显示配置。单击"标准"工具栏上的"从零件/装配体制作工程图"，选择A4（GB）标准图纸，从"视图调色板"拖放视图到图纸，得到完整圆锥三视图和轴测图，如图6.8所示。

单击左下角的"添加图纸"图标，如图6.42所示。系统打开另一张标准图纸"图纸2"。

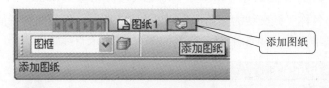

图6.42　添加图纸

在图纸2图形区右键单击，选择"工程视图"里的"模型"，如图6.43所示。系统打开"模型视图"属性管理器的"打开文档"选项，如图6.44所示。

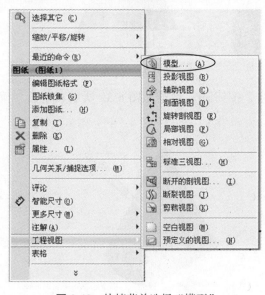

图6.43　快捷菜单选择"模型"

图6.44　模型视图的"打开文档"选项

双击文件名称"圆锥",进入"模型视图"属性管理器,如图 6.45 所示。

在"参考配置"下拉列表里选择"截交线为圆"配置,单击"标准视图"里的"右视"图标,鼠标在图纸区域单击得到主视图,向下拖放得到俯视图,向右拖放得到左视图,向左上拖放得到正等轴测图,如图 6.46 所示。

图 6.45 "模型视图"属性管理器

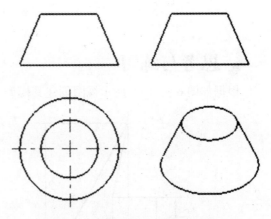

图 6.46 圆锥截交线为圆配置的视图

使用同样方法添加图纸 3、图纸 4、图纸 5、图纸 6 分别建立截交线为椭圆、抛物线、双曲线、三角形的视图,如图 6.47~图 6.50 所示。

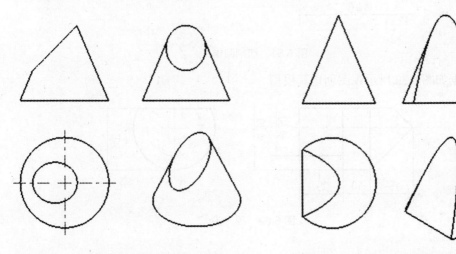

图 6.47 圆锥截交线为椭圆配置的视图   图 6.48 圆锥截交线为抛物线配置的视图

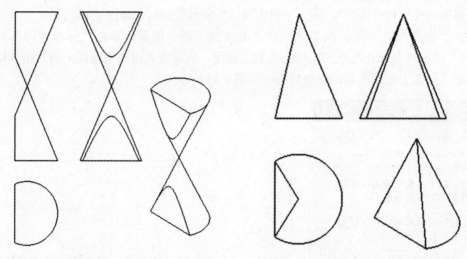

图 6.49　圆锥截交线为双曲线配置的视图　　　　图 6.50　圆锥截交线为三角形配置的视图

 思考与练习

1. 根据如图 6.51（a）所示视图创建其模型，如图 6.51（b）所示。

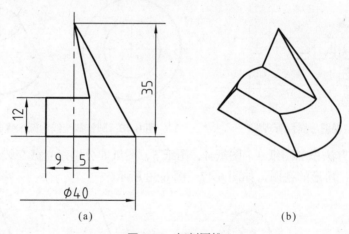

（a）　　　　　　　　　　　　　　（b）

图 6.51　切割圆锥

2. 根据如图 6.52 所示视图创建其模型。

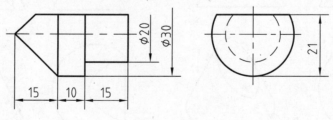

图 6.52　顶　尖

第7章

旋转——圆球和圆环建模

7.1 旋转生成圆球

【例 7.1】 创建如图 7.1 所示圆球。

图 7.1 圆 球

1. 绘制要旋转的草图

新建一个零件文件。

选择前视基准面作为草图平面。单击"草图"选项卡上的"草图绘制"按钮 ⌶，进入草图绘制模式。

单击"草图"选项卡上的"圆心 / 起 / 终点画弧"按钮 ⌢，绘制如图 7.2 所示半圆草图。

单击"直线"按钮 ╲，画直线连接半圆的两个象限点，如图 7.3 所示。

单击"智能尺寸"按钮 ⌁，标注半径为 20。

选择草图原点和直线，为它们添加"中点"几何关系，如图 7.4 所示。

图 7.2 半圆草图   图 7.3 绘制直线

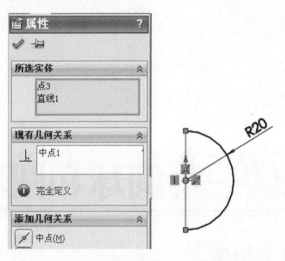

图 7.4　添加 "中点" 几何关系

2. 旋转生成圆球

单击 "特征" 选项卡上的 "旋转凸台 / 基体" 按钮 ，系统打开 "旋转" 属性管理器，如图 7.5（a）所示。

旋转轴选择半圆草图里的直线，在旋转类型下拉列表框内选择 "单向"，角度取 360，预览如图 7.5（b）所示。

单击 "确定" 按钮 ，完成圆球建模，如图 7.1 所示。

保存文件，文件名称为 "圆球"。

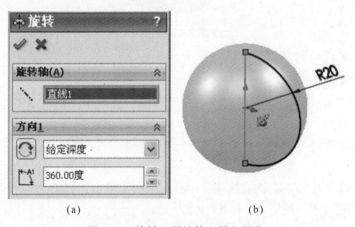

（a）　　　　　　　　　　　　　（b）

图 7.5　"旋转" 属性管理器和预览

7.2　圆球三视图

圆球实体模型生成后，现在生成它的三视图。

单击 "标准" 工具栏上的 "从零件 / 装配体制作工程图" 按钮 ，进入生成工程图模式。

屏幕左侧显示 "工程图" 工具栏和工程图特征管理器设计树。系统打开 "图纸格式 / 大小" 对话框，选择 A4（GB），单击 "确定"。

图纸格式 / 大小选择确定后，屏幕右侧显示"视图调色板"，如图 7.6 所示。将"右视"图拖放到图纸区域，作为主视图。此时，屏幕左侧显示"投影视图"属性管理器。因为视图调色板里"自动开始投影视图"默认状态是勾选的，右视图拖放到绘图区后，向下拖放生成俯视图，向右拖放生成左视图，还可以拖放显示等轴测图。

单击左侧属性管理器上的"确定"，圆球的三视图就完成了，如图 7.7 所示。

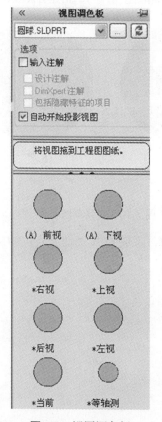

图 7.6 视图调色板

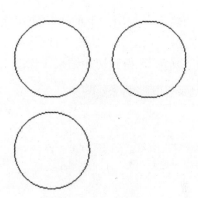

图 7.7 圆球三视图

7.3 切割圆球实例——阀芯

【例 7.2】 建立如图 7.8 所示的阀芯零件。

图 7.8 阀 芯

129

打开上一节建立的"圆球"文件。

1. 拉伸切除生成平面

选择右视基准面作为草图平面，如图7.9所示。单击"正视于"，使右视基准面与屏幕重合。

绘制直线，标注尺寸，如图7.10（a）所示，轴测图显示样式如图7.10（b）所示。

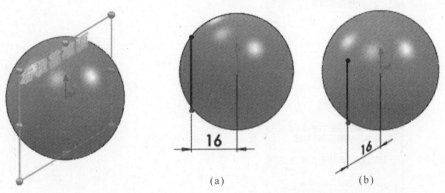

(a)　　　　　　　　(b)

图7.9　选择右视基准面为草图平面　　　　　图7.10　直线草图

单击"特征"选项卡上的"拉伸切除"按钮🔲，系统打开"切除-拉伸"属性管理器，图形区显示预览，如图7.11所示。

单击"确定"，得到切除结果，如图7.12所示。

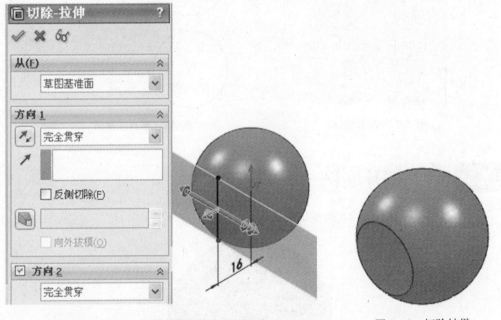

图7.11　"切除-拉伸"属性管理器和预览　　　　　图7.12　切除结果

2. 镜向切除的特征

单击"特征"选项卡上的"镜向"按钮🖼，系统打开"镜向"属性管理器，图形区显示预览，如图7.13所示。

单击"确定"，镜向结果如图7.14所示。

图 7.13 "镜向"属性管理器和预览 　　　　　　图 7.14 镜向结果

3. 拉伸切除孔

选择切除的平面作为草图平面，如图 7.15 所示。

单击"标准视图"工具栏上的"正视于"按钮，使草图平面与屏幕重合，绘制圆草图，标注直径尺寸为 20，如图 7.16 所示。

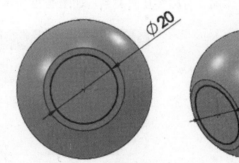

图 7.15 选择草图平面 　　　　　　　　　　图 7.16 圆草图

单击"特征"选项卡上的"拉伸切除"按钮 ，系统打开"切除－拉伸"属性管理器，终止条件选择"成形到下一面"，图形区显示预览，如图 7.17 所示。

单击"确定"，结果如图 7.18 所示。

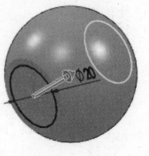

图 7.17 "切除－拉伸"属性管理器和预览 　　　　图 7.18 切除结果

131

4. 旋转切除槽口

选择右视基准面作为草图平面，如图 7.19 所示。

单击"正视于"按钮，绘制如图 7.20 所示矩形草图。

图 7.19 选择右视基准面为草图平面

图 7.20 矩形草图

按住 Ctrl 键，依次单击左中右三条直线（选择三条直线），如图 7.21 所示。在"属性"管理器里添加"对称"几何关系，如图 7.22 所示。

图 7.21 选择三条直线

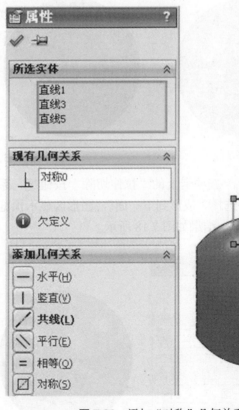

图 7.22 添加"对称"几何关系

标注尺寸，如图 7.23 所示。

退出草图绘制，草图轴测图样式显示如图 7.24 所示。

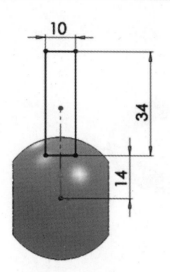

图 7.23 标注尺寸

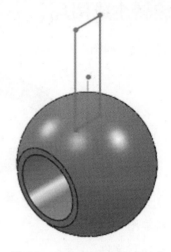

图 7.24 草图轴测图样式显示

单击"特征"选项卡上的"旋转切除"按钮 ，系统打开"切除–旋转"属性管理器，选择矩形上边线为旋转轴，图形区显示预览，如图 7.25 所示。

图 7.25 "切除–旋转"属性管理器和预览

单击"确定"，得到如图 7.8 所示的"阀芯"零件。

保存文件，文件名称为"阀芯"。

5. "阀芯"三视图和轴测图

"阀芯"三视图和轴测图如图 7.26 所示。

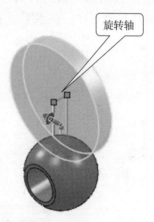
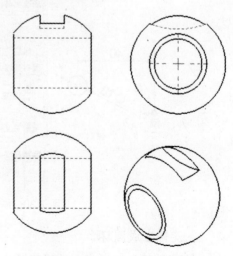

图 7.26 "阀芯"三视图和轴测图

133

7.4　旋转生成圆环

【例 7.3】　建立如图 7.27 所示圆环。

图 7.27　圆　环

1. 绘制草图

新建一个零件文件。

选择前视基准面作为草图平面，单击"草图绘制"，进入草图绘制模式。

通过原点绘制一条垂直的中心线，在中心线的右侧绘制一个圆，如图 7.28 所示。标注尺寸，如图 7.29 所示。最后为圆心和草图原点添加"水平"几何关系，如图 7.30 所示，使小圆圆心与原点在一条水平线上。

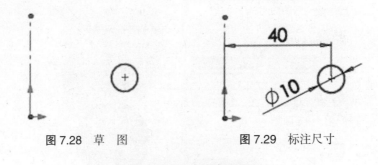

图 7.28　草　图　　　　　图 7.29　标注尺寸

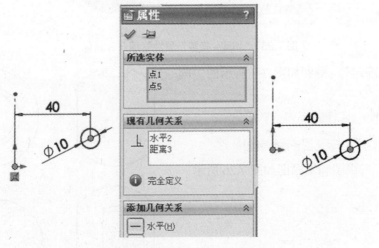

图 7.30　添加"水平"几何关系

2. 旋转生成圆环

单击"特征"选项卡上的"旋转凸台／基体"按钮 ，打开"旋转"属性管理器，旋转轴系统自动选择中心线，角度取 360°，图形区显示预览，如图 7.31 所示。

单击"确定"，生成如图 7.27 所示圆环。

保存文件，文件名称为"圆环"。

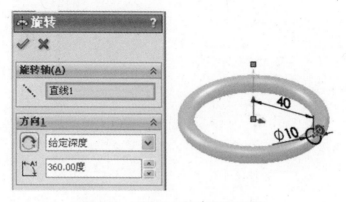

图 7.31 "旋转"属性管理器和预览

3. 圆环三视图和轴测图

圆环三视图和轴测图如图 7.32 所示。

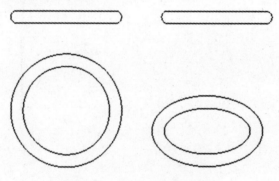

图 7.32 圆环三视图和轴测图

 思考与练习

根据如图 7.33 所示视图创建其模型（其中的螺孔可以用"异型孔"生成）。

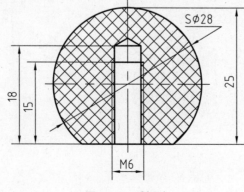

图 7.33 手柄球

第**8**章

扫描——六角扳手建模

扫描是通过沿着一条路径移动轮廓（截面）来生成基体、凸台、切除或曲面。为了使扫描的模型更具多样性，通常会加入一条甚至多条引导线以控制其外形。

扫描要遵循以下规则：

（1）对于基体或凸台扫描特征，轮廓必须是闭环的。

（2）路径可以为开环或闭环。

（3）路径可以是一张草图、一条曲线或一组模型边线中包含的一组草图曲线。

（4）路径必须与轮廓的平面相交。

（5）引导线必须与轮廓或轮廓草图中的点重合。

8.1　扫描生成六角扳手

【例 8.1】　创建如图 8.1 所示的六角扳手。

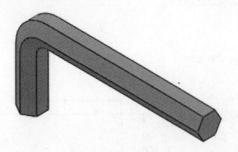

图 8.1　六角扳手

1. 绘制六角扳手扫描轮廓——正六边形草图 1

新建一个零件文件。

选择上视基准面作为草图平面，单击"草图绘制"按钮 ，进入草图绘制模式。

单击"草图"选项卡上的"多边形"按钮 ，以草图原点为中心绘制正六边形，如图 8.2 所示。

为一条边线添加"竖直"几何关系，如图 8.3 所示。

标注尺寸，如图 8.4 所示。

单击屏幕右上角"退出草图"按钮 。

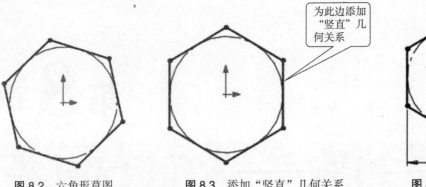

图 8.2 六角形草图　　　　　图 8.3 添加"竖直"几何关系　　　　图 8.4 标注尺寸

2. 绘制扫描路径草图 2

选择前视基准面作为草图平面，绘制如图 8.5 所示草图。

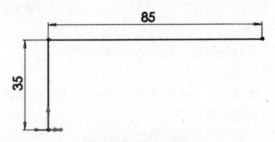

图 8.5 扫描路径草图

单击"草图"选项卡上的"绘制圆角"按钮 ，系统打开"绘制圆角"属性管理器，绘图区显示预览，圆角半径取 10，如图 8.6 所示。

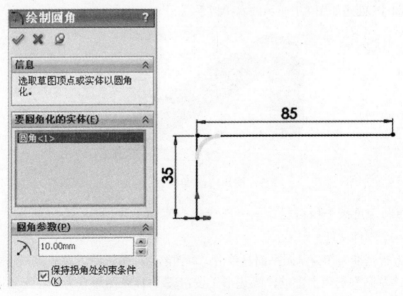

图 8.6 "绘制圆角"属性管理器和预览

单击"确定"，得到扫描路径草图 2，如图 8.7 所示。

退出草图绘制。

扫描轮廓草图 1 和扫描路径草图 2 的轴测图样式显示如图 8.8 所示。

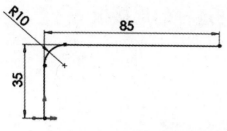

图 8.7 草图 2

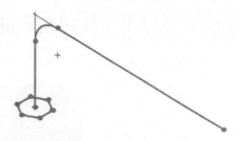

图 8.8 两个草图轴测图样式显示

3. 扫描生成六角扳手

单击"特征"选项卡上或"特征"工具栏上的"扫描"按钮 ，如图 8.9 所示。系统打开"扫描"属性管理器，如图 8.10 所示。扫描轮廓选择正六边形草图 1，扫描路径选择草图 2，扫描预览如图 8.11 所示。

单击"确定"按钮 ，完成六角扳手建模，如图 8.1 所示。

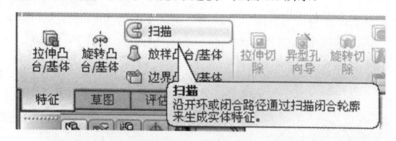

图 8.9 扫描命令按钮

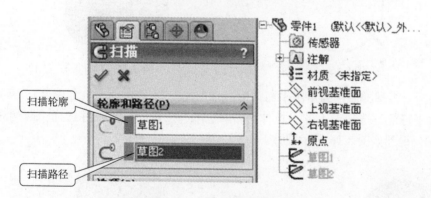

图 8.10 "扫描"属性管理器

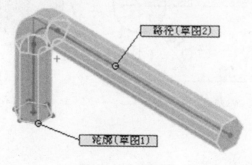

图 8.11 扫描预览

8.2 使用引导线扫描实例——连杆的连接板

【例 8.2】 创建如图 8.12 所示连杆零件。

图 8.12 连 杆

1. 生成两个圆柱

新建一个零件文件。

选择上视基准面作为草图平面，绘制圆草图，直径为 30，如图 8.13 所示。

单击"特征"选项卡上的"拉伸凸台 / 基体"按钮，终止条件选择"两侧对称"，深度为 20，得到如图 8.14 所示圆柱。

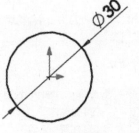

图 8.13 圆草图

图 8.14 拉伸圆柱

再选择上视基准面作为草图平面，单击"正视于"，绘制草图，如图 8.15 所示。

单击"特征"选项卡上的"拉伸凸台 / 基体"按钮，终止条件选择"两侧对称"，深度为 20，得到如图 8.16 所示圆柱。

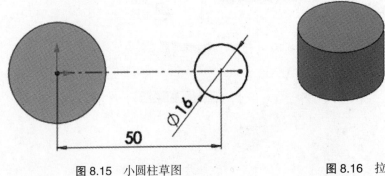

图 8.15 小圆柱草图

图 8.16 拉伸小圆柱

2. 绘制草图

1）绘制切线草图作为引导线

选择上视基准面作为草图平面，绘制如图 8.17 所示直线草图。

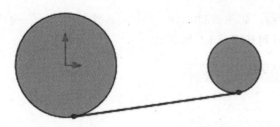

图 8.17 直线草图

为直线草图和两个圆周边线添加"相切"几何关系，如图 8.18～图 8.21 所示。退出草图绘制，得到切线草图 3。

图 8.18 添加"相切"几何关系属性

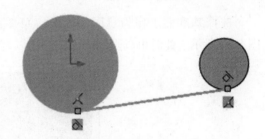

图 8.19 相切预览

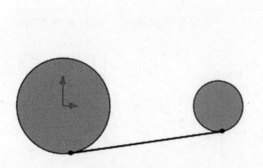

图 8.20 切 线

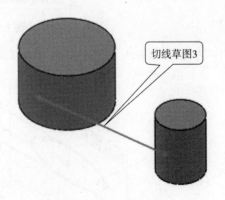

图 8.21 切线轴测图显示

2）绘制椭圆作为扫描轮廓

先新建一个基准面，单击"特征"选项卡上的"参考几何体"按钮，系统打开

141

"基准面"属性管理器，如图 8.22 所示。"第一参考"选择"右视基准面"，"第二参考"选择切线右端点，得到基准面 1，如图 8.23 所示。

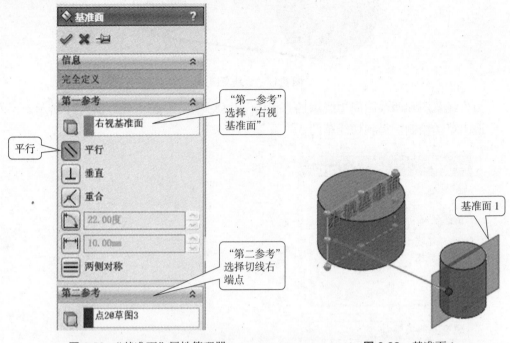

图 8.22　"基准面"属性管理器　　　　　　图 8.23　基准面 1

选择基准面 1 作为草图平面，以草图原点为中心绘制椭圆，短轴尺寸为 8，如图 8.24 所示（此时可以隐藏小圆柱特征以方便草图绘制）。

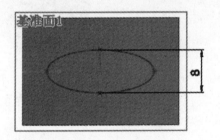

图 8.24　椭圆草图

为椭圆长轴的一个端点和切线的右端点添加"重合"几何关系，如图 8.25 所示。

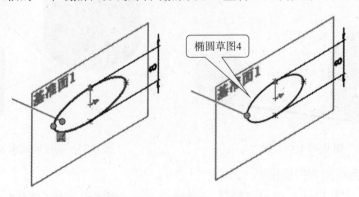

图 8.25　添加"重合"几何关系

退出草图绘制，得到椭圆草图 4。

3）绘制直线草图作为扫描路径

选择上视基准面作为草图平面，绘制扫描路径草图直线，如图 8.26 所示，右端点取椭圆的中心。

草图轴测图显示结果如图 8.27 所示。

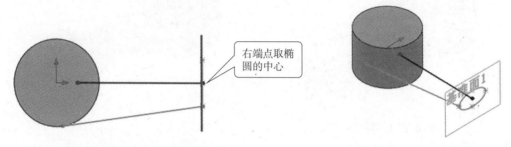

图 8.26　直线草图　　　　　　　　　　　　　　图 8.27　草图轴测图显示

为路径直线两端点与切线两端点分别添加"竖直"几何关系，如图 8.28 所示。

退出草图绘制，得到路径草图 5，三个草图的轴测图显示如图 8.29 所示。

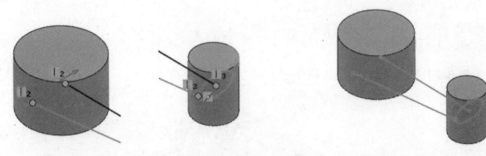

图 8.28　添加"竖直"几何关系　　　　　　　　　图 8.29　三个草图

3. 扫描生成连接板

单击"特征"选项卡上的"扫描"按钮，系统打开"扫描"属性管理器，如图 8.30 所示。扫描轮廓选择椭圆草图 4，扫描路径选择直线草图 5，引导线选择切线草图 3。扫描预览如图 8.31 所示。

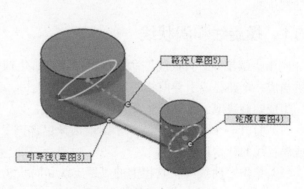

图 8.30　"扫描"属性管理器　　　　　　　　图 8.31　扫描预览

单击"确定",生成连接板,如图 8.32 所示。

如果扫描时不使用引导线,扫描结果如图 8.33 所示(相当于拉伸特征)。

图 8.32 扫描结果

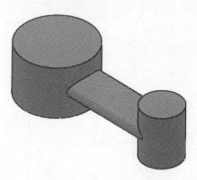
图 8.33 无引导线扫描

4. 生成两端的圆孔

分别以两圆柱的顶面为草图平面,绘制圆草图,直径分别为 20 和 10,然后拉伸切除,终止条件选择"成形到下一面",生成两端孔结构,如图 8.12 所示。

8.3 扫描生成弹簧

【例 8.3】 使用扫描特征生成如图 8.34 所示弹簧零件。

图 8.34 弹 簧

要生成此弹簧,需要两个草图,一个是弹簧簧丝截面草图,另一个是作为扫描路径的螺旋线。

8.3.1 螺旋线和涡状线

使用"螺旋线 / 涡状线"命令可以在零件中生成螺旋线和涡状线曲线。此曲线可以被当成一个路径或引导曲线使用在扫描的特征上,或作为放样特征的引导曲线。

生成螺旋线或涡状线的步骤如下:

(1)打开一个草图并绘制一个圆或选择包含一个圆的草图。此圆的直径控制螺旋线或涡状线的开始直径。

(2)单击"曲线"工具栏上的"螺旋线和涡状线"按钮 ,或单击下拉菜单"插入">"曲线">"螺旋线 / 涡状线"命令。

（3）在"螺旋线／涡状线"属性管理器中设定数值。

（4）单击"确定"按钮 ✔️。

8.3.2 创建弹簧零件

新建一个零件文件。

1. 生成扫描路径的螺旋线

选择前视基准面作为草图平面，绘制圆草图，直径为 40，如图 8.35 所示。

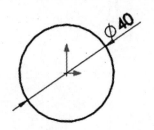

图 8.35 圆草图

单击菜单"插入"＞"曲线"＞"螺旋线／涡状线"命令，系统打开"螺旋线"属性管理器，参数设置如图 8.36 所示。预览如图 8.37 所示。

单击"确定"，结果如图 8.38 所示。

图 8.36 "螺旋线"属性管理器

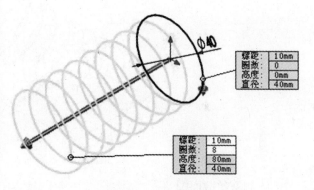

图 8.37 螺旋线预览

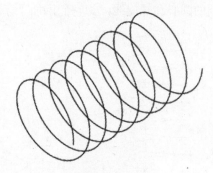

图 8.38 螺旋线

2. 绘制弹簧簧丝截面草图

1）新建基准面 1

单击"特征"选项卡上的"参考几何体" ，系统打开"基准面"属性管理器，"第一参考"选择"螺旋线"，"第二参考"选择螺旋线端点，图形区显示预览，如图 8.39 所示。单击"确定"，得到基准面 1，如图 8.40 所示。

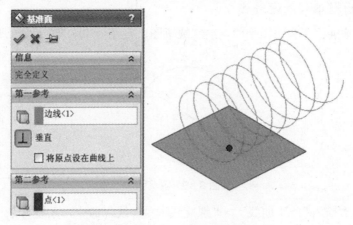

图 8.39 "基准面"属性管理器和预览

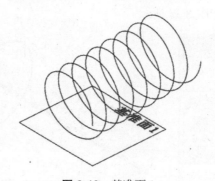

图 8.40 基准面 1

2）绘制簧丝截面圆

选择基准面 1 作为草图平面，单击"正视于"，绘制圆草图，直径为 5，如图 8.41 所示。选择圆的圆心和螺旋线，为它们添加"穿透"几何关系。

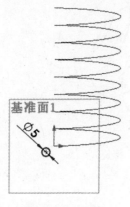

图 8.41 圆草图

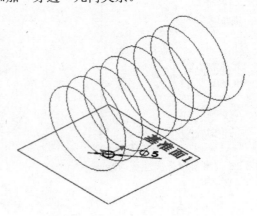

图 8.42 添加"穿透"几何关系

退出草图绘制，得到作为扫描路径的螺旋线和扫描轮廓的圆，如图 8.43 所示。

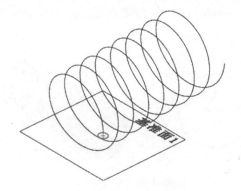

图 8.43 螺旋线和圆草图

3）扫描生成弹簧

单击"特征"选项卡上的"扫描"按钮，系统打开"扫描"属性管理器。扫描轮廓选择小圆，扫描路径选择螺旋线，系统显示预览，如图 8.44 所示。

单击"确定"，完成弹簧建模，如图 8.34 所示。

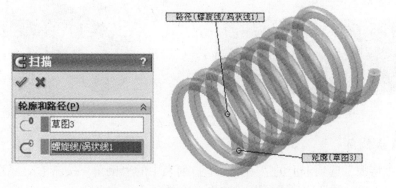

图 8.44 "扫描"属性管理器和预览

8.4 扫描切除特征实例——轴端螺纹

【例 8.4】 创建如图 8.45 所示轴端螺纹。

图 8.45 轴端螺纹

新建一个零件文件。

1. 拉伸生成圆柱轴

选择前视基准面作为草图平面，绘制圆草图，然后拉伸生成圆柱，长度为50，如图 8.46 所示。

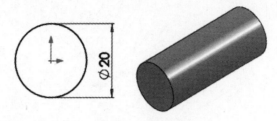

图 8.46　生成圆柱

2. 旋转切除生成螺纹退刀槽

选择右视基准面作为草图平面，绘制草图，如图 8.47 所示。

单击"特征"选项卡上的"旋转切除"按钮 ![icon]，生成退刀槽，如图 8.48 所示。

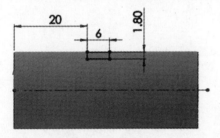

图 8.47　退刀槽草图

图 8.48　生成退刀槽

3. 生成倒角

单击"特征"选项卡上的"圆角"下拉列表中的"倒角"按钮 ![icon]，系统打开"倒角"属性管理器，图形区显示预览，如图 8.49 所示。

单击"确定"，生成倒角，如图 8.50 所示。

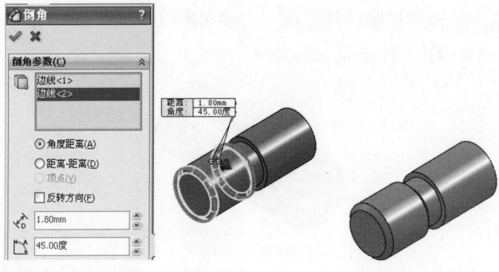

图 8.49　倒角预览　　　　　　　　　　　　图 8.50　倒　角

4. 生成螺旋线

（1）选择轴左端面作为草图平面，如图 8.51（a）所示，选择倒角边线，如图 8.51（b）所示，单击"转换实体引用"，得到圆，如图 8.51（c）所示。

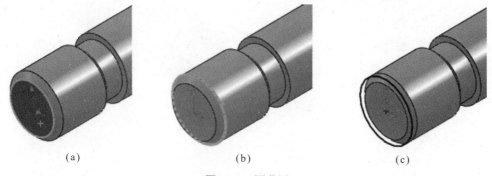

(a)	(b)	(c)

图 8.51　圆草图

（2）单击菜单"插入"＞"曲线"＞"螺旋线／涡状线"命令，系统打开"螺旋线"属性管理器，参数设置和预览如图 8.52 所示。

单击"确定"，生成螺旋线，如图 8.53 所示。

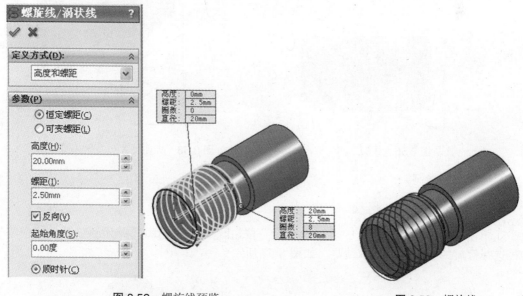

图 8.52　螺旋线预览　　　　　　　　　　　　图 8.53　螺旋线

5. 绘制螺纹牙型草图

1）新建一个基准面

单击"特征"选项卡上的"参考几何体"上的"基准面"按钮，系统打开"基准面"属性管理器。"第一参考"选择"螺旋线"，"第二参考"选择螺旋线的端点，如图 8.54 所示。

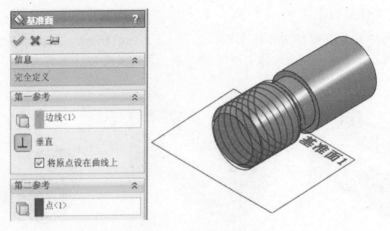

图 8.54 生成基准面 1

2）绘制牙型草图

选择基准面 1 作为草图平面，绘制草图，如图 8.55 所示。

为两条斜线和中心线添加"对称"几何关系，标注尺寸，如图 8.56 所示。

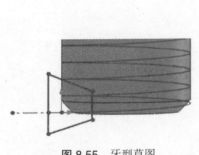

图 8.55 牙型草图

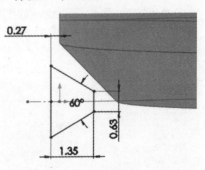

图 8.56 标注尺寸和添加几何关系

退出草图绘制。

6. 扫描切除生成螺纹

单击"特征"选项卡上的"扫描切除"按钮，扫描轮廓选择牙型草图，扫描路径选择螺旋线，图形区显示预览，如图 8.57 所示。

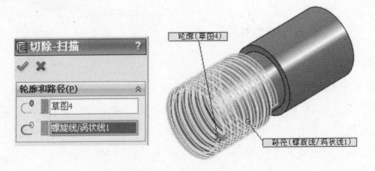

图 8.57 螺纹预览

单击"确定"，得到轴端螺纹，如图 8.45 所示。

保存零件，文件名称为"轴端螺纹"。

思考与练习

1. 扫描生成如图 8.58 所示弯管，扫描轮廓如图 8.59 所示，扫描路径如图 8.60 所示。

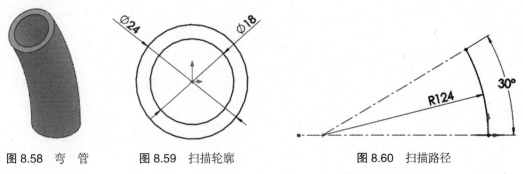

图 8.58　弯　管　　　　图 8.59　扫描轮廓　　　　　　　图 8.60　扫描路径

2. 扫描生成如图 8.61 所示三角框，扫描轮廓如图 8.62 所示，扫描路径如图 8.63 所示。

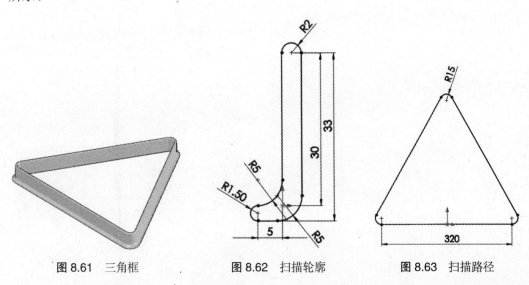

图 8.61　三角框　　　　图 8.62　扫描轮廓　　　　图 8.63　扫描路径

第 9 章

文 字

"文字"命令用于在草图里绘制文字，需要为文字选择其依附的曲线。文字和草图一样，可以用于特征操作。

9.1 在平面上生成文字特征

在零件的某一平面上书写草图文字，然后可以拉伸生成阳文或者切除生成阴文。

【例 9.1】 在铅笔笔杆上生成文字。

1. 绘制放置文字的草图曲线

打开第 5 章的"铅笔切削"文件。

以笔杆的某一棱面作为草图平面，如图 9.1 所示。单击"正视于"，单击"草图绘制"，绘制一条直线作为后面文字依附的曲线，如图 9.2 所示。

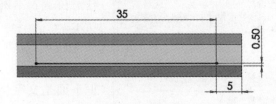

图 9.1 选择棱面作为草图平面　　　　图 9.2 绘制直线

退出草图绘制。

2. 书写草图文字

选择与上一步直线草图相同的棱面作为草图平面。

单击"草图"选项卡上的"文字"按钮 A，如图 9.3 所示，打开"草图文字"属性管理器，如图 9.4 所示。

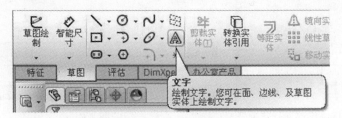

图 9.3 "文字"命令按钮

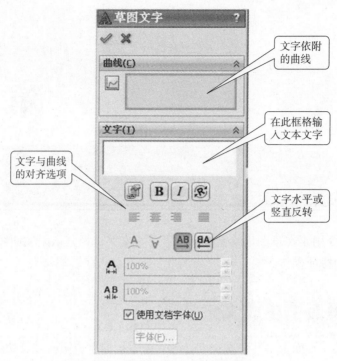

文字依附
的曲线

在此框格输
入文本文字

文字与曲线
的对齐选项

文字水平或
竖直反转

图9.4 "草图文字"属性管理器

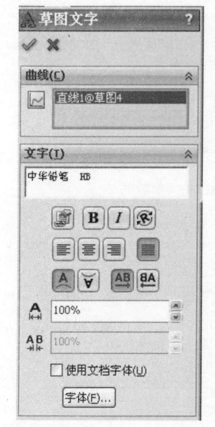

图9.5 设置"草图文字"属性管理器

"草图文字"属性管理器说明如下。

1)"曲线"选项

选择边线、曲线、草图及草图段以确定文字的位置，如果没有选择，文字可以放置在草图平面的任意位置。本例选择上一步绘制的直线，如图9.5所示。

2)"文字"选项

在"文字"选项的文本框里输入文字，文本框下面是文字格式。本例输入"中华铅笔 HB"，它与曲线的对齐方式选择"两端对齐"，预览如图9.6所示。

3)"字体"选项

如果不勾选"使用文档字体"，单击下面的"字体"，弹出"选择字体"对话框，如图9.7所示。本例选择"宋体"，字高取2.5，显示结果如图9.8所示。

图9.6 文字预览

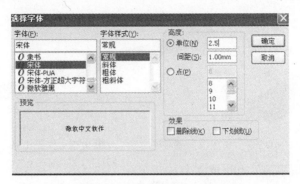

图 9.7　"选择字体"对话框

图 9.8　修改字体

退出草图绘制。

说明：

文字草图和文字依附的曲线草图可以同在一个草图，这时草图曲线要转换成构造线，构造线是不参与生成后面特征的。如本例中直线和文字也可以绘制在同一草图中，如图 9.9 所示。

图 9.9　文字与曲线在同一草图

如果文字草图和文字依附的曲线草图不在同一个草图，这时草图曲线不需要转换成构造几何线，如本例的情况。

3. 拉伸或拉伸切除文字草图

单击"特征"选项卡上的"拉伸切除"按钮，打开"切除－拉伸"属性管理器，这时要展开绘图区的零件，选择上一步绘制的文字草图，如图 9.10 所示。切除深度取 1。

单击"确定"，结果如图 9.11 所示。

完整的铅笔如图 9.12 所示。

保存文件，文件名称为"铅笔"。

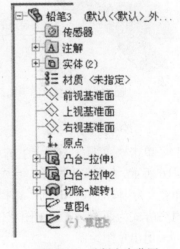

图 9.10　选择文字草图

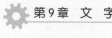
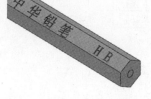

图9.11 切除拉伸文字结果

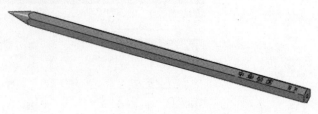

图9.12 完整铅笔

【例9.2】 在扳手手柄上生成文字。

打开第3章的"扳手"零件文件，如图9.13所示。

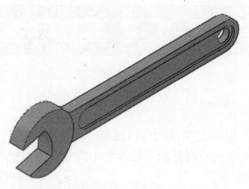

图9.13 扳 手

1. 绘制中心线草图

选择如图9.14所示平面为草图平面，单击"草图"选项卡上的"直线"按钮下的"中心线"按钮，绘制一条中心线，如图9.15所示。

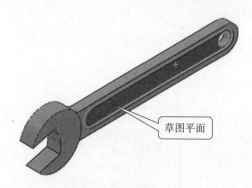

图9.14 选择草图平面

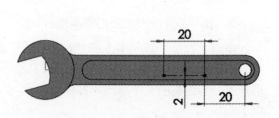

图9.15 中心线草图

2. 绘制文字草图

单击"草图"选项卡上的"文字"按钮，打开"草图文字"属性管理器，如图9.16所示。"曲线"选择中心线草图。"文字"输入"劳动牌"，取消"使用文档字体"，单击"字体"，在打开的"选择字体"对话框中，修改文字高度为4。文字和中心线的对齐方式为两端对齐，如图9.17所示。

退出草图绘制。

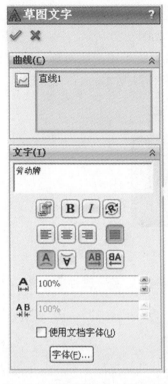

图 9.16 "草图文字"属性管理器

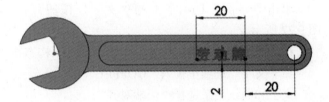

图 9.17 草图文字

3. 拉伸文字

单击"特征"选项卡上的"拉伸凸台 / 基体"按钮，系统打开"凸台–拉伸"属性管理器，这时要展开绘图区的零件，选择上一步绘制的文字草图。深度取 0.5，预览如图 9.18 所示。单击"确定"，结果如图 9.19 所示。

保存文件。

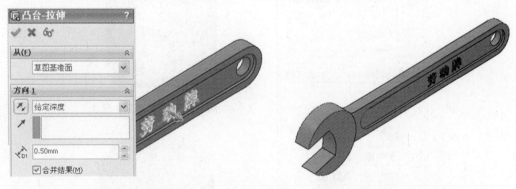

图 9.18 拉伸预览

图 9.19 生成文字

9.2 在曲面上生成文字特征

利用"包覆"特征可以在一个非平面上生成文字或图案。

打开"杯子"零件文件。

1. 绘制曲线和文字草图

选择前视基准面作为草图平面，进入草图绘制模式，如图 9.20 所示。

首先绘制竖直中心线和水平直线，使水平直线两端点关于中心线对称，然后在"线条属性"属性管理器中，选择水平直线为构造线，如图 9.21 所示。

图 9.20　选择草图平面

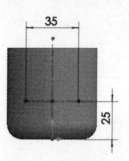

图 9.21　绘制构造线

单击"草图"选项卡上的"文字"按钮，打开"草图文字"属性管理器，如图 9.22 所示。

在"曲线"选项里选择上一步绘制的水平构造线。

在"文字"选项里输入"COFFEE"。

文字和曲线关系选择"两端对齐"。

取消勾选"使用文档字体"，单击"字体"，打开"选择字体"对话框，字高取 5。

曲线和文字草图效果如图 9.23 所示。

退出草图绘制，取轴测图显示，如图 9.24 所示。

图 9.22　"草图文字"属性管理器

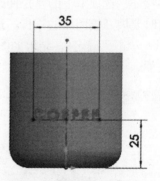

图 9.23　曲线和文字草图

图 9.24　轴测图显示

2. 在曲面上生成文字"包覆"特征

单击"特征"选项卡上的"包覆"按钮，如图 9.25 所示。打开"包覆"属性管理器，如图 9.26 所示。

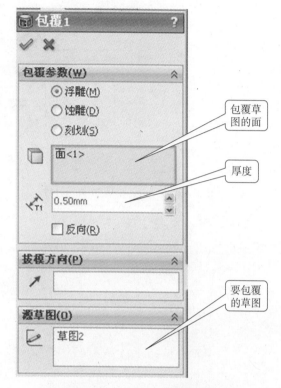

图 9.26 "包覆"属性管理器

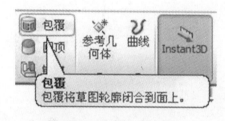

图 9.25 "包覆"命令按钮

"包覆草图的面"选择杯子的圆柱曲面，"源草图"选择"草图 2"（即曲线和文字草图），如图 9.27 所示。预览如图 9.28 所示。单击"确定"，显示结果如图 9.29 所示。

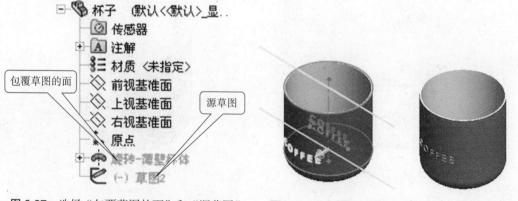

图 9.27 选择"包覆草图的面"和"源草图"　　图 9.28 "包覆"预览　　图 9.29 "包覆"结果

3. 修改"包覆"文字的颜色

单击特征管理器设计树的"包覆"，单击弹出的菜单里的"外观"，选择"包覆1"，如图 9.30 所示。打开"颜色"属性管理器，如图 9.31 所示。

在"颜色"选项里选择"黄色"。

单击"确定",结果如图 9.32 所示。

保存文件。

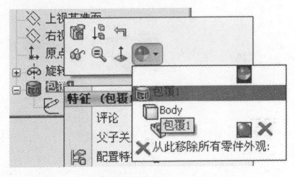

图 9.30 "包覆"外观

图 9.31 "颜色"属性管理器

图 9.32 修改文字颜色

思考与练习

1. 创建如图 9.33 所示的车牌模型。
2. 在滚动轴承上生成轴承代号 6205，如图 9.34 所示。

图 9.33　车　牌

图 9.34　轴　承

第**10**章

附加特征和特征操作

零件的主要结构由基本特征（拉伸、旋转、扫描和放样）生成，零件上通常还有一些其他常见结构，如倒角、圆角、筋、孔等，它们是在已构建的实体上进行局部修改，我们称为附加特征，如图 10.1 所示。对零件上的对称结构和成规律分布的结构，可以先生成一个特征，然后使用镜向和阵列操作来完成，这样可以避免很多重复性工作。

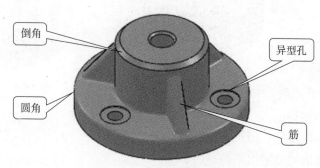

图 10.1 零件上常见的结构

10.1 筋

筋是用来增加零件强度和刚性的结构。

筋是从开环或闭环绘制的轮廓所生成的特殊类型拉伸特征。它在轮廓与现有零件之间添加指定方向和厚度的材料。可使用单一或多个草图生成筋。

生成筋特征之前，必须先绘制一个与零件相交的草图，该草图可以是开环的也可以是闭环的。

生成筋特征的操作步骤如下：

（1）在基准面上绘制生成为筋特征的轮廓草图。

（2）单击特征选项卡上的"筋"按钮 。

（3）单击"确定"。

【例 10.1】 在"支架"零件上生成筋特征。

打开"支架"零件文件。

（1）选择右视基准面为草图平面，绘制直线草图，如图 10.2 所示。

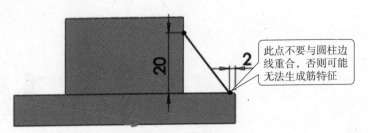

图 10.2　筋草图

右上角标注：此点不要与圆柱边线重合，否则可能无法生成筋特征

（2）单击特征选项卡上的"筋" 按钮，系统打开"筋"属性管理器，图形区显示预览，如图 10.3 所示。根据预览，需要时勾选"反转材料方向"。

（3）单击"确定"，得到筋特征，如图 10.4 所示。

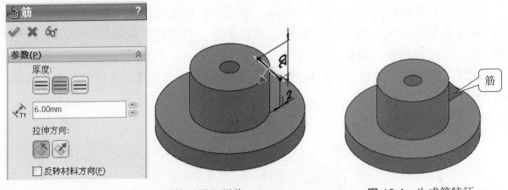

图 10.3　"筋"属性管理器和预览　　　　图 10.4　生成筋特征

（4）圆周阵列筋特征。

零件上有三个筋特征，可以利用圆周阵列完成。

首先将临时基准轴显示出来。

单击"前导视图"工具栏上的"隐藏 / 显示项目"按钮 下的"观阅临时轴"，如图 10.5（a）所示，在图形区圆柱轴线显示出来，如图 10.5（b）所示。

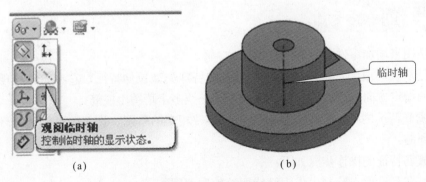

（a）　　　　　　　　　　　　（b）

图 10.5　显示临时轴

单击"特征"选项卡上的"线性阵列"下的"圆周阵列" 圆周阵列按钮，系统打开"阵列（圆周）"属性管理器，如图 10.6 所示，预览如图 10.7 所示。

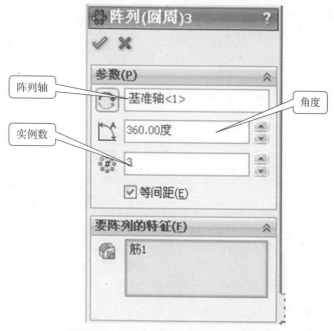

图 10.6 "阵列（圆周）"属性管理器

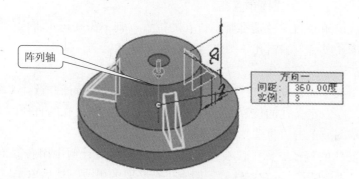

图 10.7 圆周阵列预览

单击"确定"，完成圆周阵列，如图 10.8 所示。

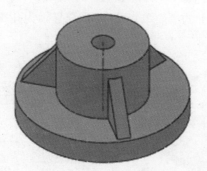

图 10.8 圆周阵列筋特征

保存零件，文件名称为"支架——添加筋"。

10.2 孔

孔特征是在零件上产生各种类型的孔，根据孔的形状可分为简单直孔和异型孔两种。

10.2.1 简单直孔

如果生成仅需要直径和深度而不需要其他参数的圆柱孔时，可以使用"简单直孔"命令。

在系统默认的"特征"工具栏中，没有包括"简单直孔"按钮，单击下拉菜单"工具">"自定义"命令，单击"命令"选项卡，类别选择"特征"，将"简单直孔"按钮拖放到窗口中的"特征"工具栏中。

生成简单直孔的操作步骤如下：

（1）单击"特征"工具栏上的"简单直孔"按钮 ，或单击下拉菜单"插入">"特征">"孔">"简单直孔"命令。

（2）系统提示选择要生成孔的平面。

（3）系统打开"孔"属性管理器，在其中设定各项参数。

（4）单击"确定"，生成简单直孔。

如果在生成简单直孔时就能准确定位孔的位置，则不需要进行下面的定位孔操作。否则需要在生成孔以后，编辑孔草图来定位孔的位置。

按如下方法定位简单直孔：

（1）在模型或特征管理器设计树中，用右键单击"孔"特征并选择"编辑草图"。

（2）添加尺寸以定义孔的位置。同时还可以在草图中修改孔的直径。

（3）退出草图或单击"重建"按钮 。

如果要改变孔的直径、深度，在模型或特征管理器设计树中用右键单击"孔"特征，然后选择"编辑特征"。在属性管理器中进行必要的更改，然后单击"确定"。

【例 10.2】 在孔与圆角同心的板零件上生成简单直孔。

打开"孔与圆角同心的板"零件，如图 10.9 所示。

单击"特征"工具栏上的"简单直孔"，系统显示为孔中心选择平面的信息，如图 10.10 所示。

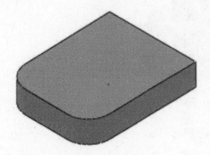

图 10.9　板零件

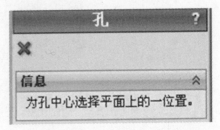

图 10.10　为孔中心选择平面信息

单击板的顶面作为孔中心平面，如图 10.11（a）所示，同时系统打开"孔"属性管理器，如图 10.11（b）所示。孔直径取 10，终止条件选择"完全贯穿"。

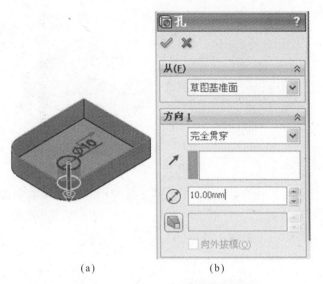

(a)　　　　　　(b)

图 10.11　"孔"属性管理器和预览

　　拖动孔的中心并捕捉圆角的圆心，使它们重合，孔的草图从蓝色变为黑色，孔即准确定位，如图 10.12 所示。

　　单击"确定"，生成孔。

图 10.12　拖动孔中心与圆角圆心重合

　　【例 10.3】　在孔与圆角不同心的板零件上生成简单直孔。

　　打开"孔与圆角不同心的板"零件，如图 10.13 所示。

图 10.13　板零件

　　单击"特征"工具栏上的"简单直孔"按钮，系统显示为孔中心选择平面信息，单击板的顶面，显示孔的预览，如图 10.14（a）所示。在打开的"孔"属性管理器中设置孔的参数，直径为 10，完全贯穿。由于孔的中心与圆角不同心，孔的位置无法准确定位。

单击"确定"，生成孔。如图 10.14（b）所示。

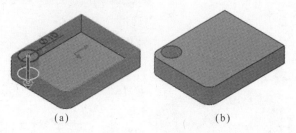

图 10.14　生成孔

右键单击特征管理器设计树中的"孔 1"，在弹出的快捷菜单中选择"编辑草图"，图形区显示孔的草图，单击"正视于"按钮，草图平面与屏幕重合，如图 10.15（a）所示。标注尺寸定位圆心，如图 10.15（b）所示。

单击"确定"，生成孔，如图 10.16 所示。

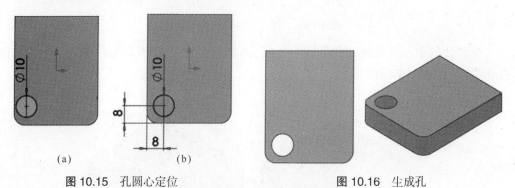

图 10.15　孔圆心定位

图 10.16　生成孔

10.2.2　异型孔

利用异型孔向导，可以在模型上生成螺纹孔、锥形孔、管螺纹孔、沉头孔、旧制孔等结构。

生成异型孔特征时，先选择孔的类型和规格，然后再确定孔的中心位置。

【例 10.4】　在"支架——添加筋"零件上生成锪平孔特征。

打开"支架——添加筋"零件文件。

（1）单击"特征"选项卡上的"异型孔向导"，如图 10.17 所示。系统打开"孔规格"属性管理器，如图 10.18 所示。

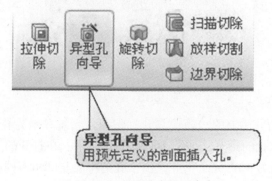

图 10.17　"异型孔向导"命令

（2）在"类型"选项卡中的选择如图 10.18 所示。

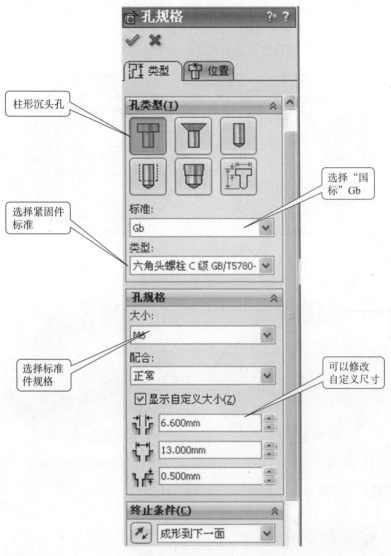

图 10.18　孔类型

（3）单击"位置"选项卡，显示"孔位置"属性管理器，提示要定位孔中心的位置，如图 10.19（a）所示，单击圆柱底板的顶面，显示孔预览，如图 10.19（b）所示。单击"正视于"命令，使圆柱底板的顶面与屏幕重合，如图 10.20 所示。

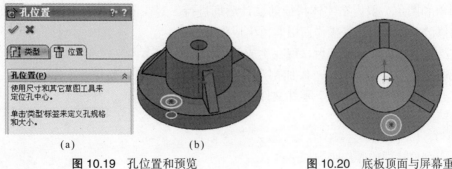

（a）　　　　　　　（b）

图 10.19　孔位置和预览　　　　　**图 10.20　底板顶面与屏幕重合**

过草图原点绘制一条竖直的中心线，如图 10.21 所示。将孔中心拖放到与中心线重合，并标注尺寸，如图 10.22 所示。

（4）单击"确定"，生成孔特征，如图 10.23 所示。

（5）利用圆周阵列生成其他孔，如图 10.24 所示。

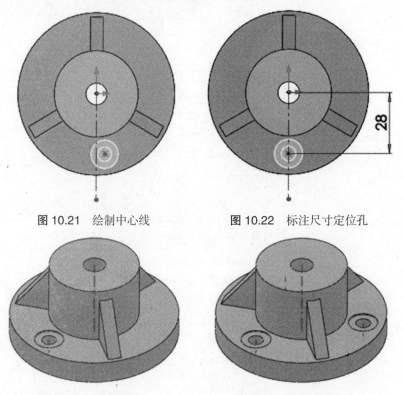

图 10.21　绘制中心线　　　　　　　图 10.22　标注尺寸定位孔

图 10.23　生成孔特征　　　　　　　图 10.24　圆周阵列孔特征

保存文件，文件名称为"支架——添加孔"。

10.3　倒角和圆角

在机械加工中，为了去除零件的毛刺、锐边和便于装配，让零件在保持整体形状的同时，在轴或孔的端部，一般都加工成倒角。

在铸件毛坯各表面的相交处，都有铸造圆角。在机械加工时，为了避免因应力集中而产生裂纹，在轴肩处往往加工成圆角的过渡形式。

倒角和圆角一般应在实体特征的设计后期进行。若在前期建立，以后会由于相关特征的修改及重新定义等操作而引起重生成失败。

在支架生成筋和异型孔后，现在生成倒角和圆角。

【例 10.5】 在"支架——添加孔"零件上生成倒角和圆角特征。

打开"支架——添加孔"零件文件。

10.3.1　倒　角

生成倒角特征的操作步骤如下：

（1）单击"特征"选项卡上的"圆角"下拉列表的"倒角"按钮，如图 10.25 所示。系统打开"倒角"属性管理器，如图 10.26（a）所示。倒角距离取 2，角度取 45°。

图 10.25　倒角命令

（2）单击边线，显示倒角预览，如图 10.26（b）所示。

（3）单击"确定"，生成倒角特征，如图 10.27 所示。

使用同样方法生成孔的倒角，距离为 1.5，角度为 45°，如图 10.28 所示。

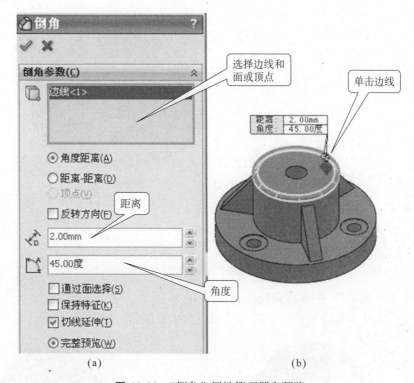

(a)　　　　　　　　　　　(b)

图 10.26　"倒角"属性管理器和预览

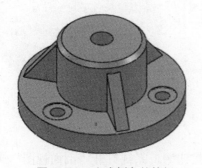

图 10.27　生成倒角的特征

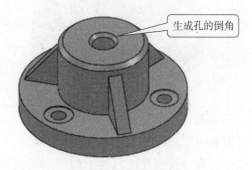

图 10.28　其他倒角

10.3.2　圆　角

生成圆角特征的操作步骤如下：

（1）单击"特征"选项卡上的"圆角"按钮 ，系统打开"圆角"属性管理器，如图 10.29（a）所示，圆角半径取 1.5。

171

（2）单击边线，显示圆角预览，如图10.29（b）所示。

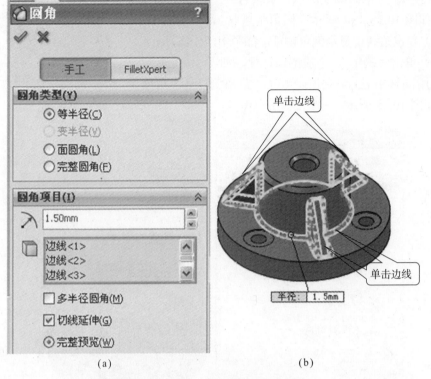

(a)　　　　　　　　　　　(b)

图10.29　"圆角"属性管理器和预览

（3）单击"确定"，生成圆角特征，如图10.30所示。

使用同样方法生成底板圆柱上边线的圆角和内孔圆角，如图10.31所示。

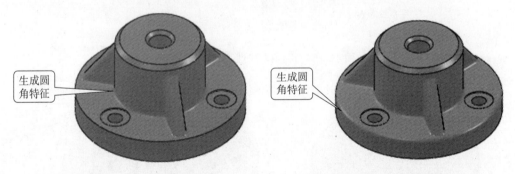

图10.30　生成圆角特征　　　　　　　图10.31　其他圆角

可以利用"剖面视图"观察内孔圆角。

单击"前导视图"工具栏上的"剖面视图"按钮，系统打开"剖面视图"属性管理器，如图10.32（a）所示。

选择右视基准面作为剖面。

剖面视图预览如图10.32（b）所示。

单击"确定"，剖面视图如图10.33所示。

保存零件，文件名称为"支架——添加圆角和倒角"。

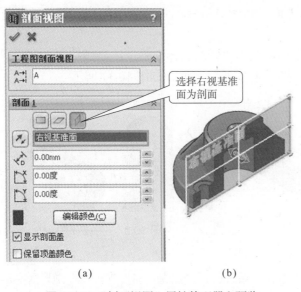

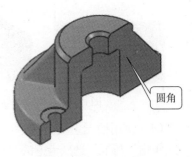

（a）　　　　　　　　　　（b）

图 10.32　"剖面视图"属性管理器和预览　　　　图 10.33　内孔圆角

10.4　抽　壳

在 4.5 节的"放样漏斗"里我们已经应用过"抽壳"工具。

抽壳工具会掏空零件，并使所选择的面敞开，在剩余的面上生成薄壁特征。如果没有选择模型上的任何面，抽壳实体零件会生成一闭合、掏空的模型。也可使用多个厚度来抽壳模型。

生成抽壳特征的步骤如下：

（1）单击"特征"选项卡上的"抽壳"按钮。

（2）在属性管理器中设定参数。

厚度：设定要保留的面的厚度。

移除的面：在图形区域中选择一个或多个面，使其敞开。

壳厚朝外：增加零件的外部尺寸。

显示预览：显示出抽壳特征的预览。

（3）单击"确定"。

【例 10.6】　创建如图 10.34 所示直角弯头模型。

新建一个零件文件。

（1）选择前视基准面作为草图平面，绘制圆草图，然后拉伸生成圆柱，长度为 55，如图 10.35 所示。

图 10.34　直角弯头

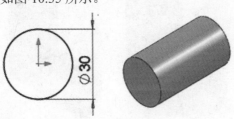

图 10.35　生成圆柱

（2）选择右视基准面作为草图平面，绘制直线草图，然后拉伸切除圆柱，如图 10.36 所示。

（3）选择上视基准面作为草图平面，使用"转换实体引用"绘制圆草图，然后双向拉伸，方向 1 深度为 40，方向 2 选择"成形到下一面"，如图 10.37 所示。

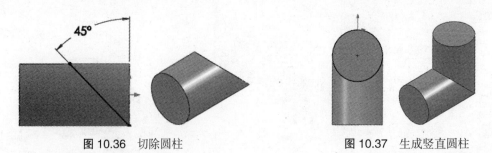

图 10.36 切除圆柱   图 10.37 生成竖直圆柱

（4）使用抽壳生成内孔。

单击"特征"选项卡上的"抽壳"按钮，系统打开"抽壳"属性管理器，图形区显示预览，如图 10.38 所示。在属性管理器中，厚度取 5，要移除的面，选择两圆柱的端面。

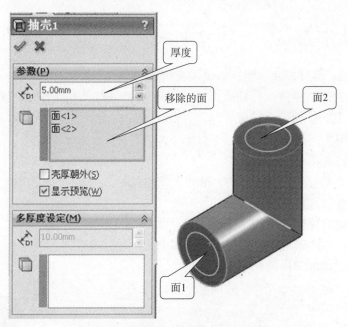

图 10.38 "抽壳"属性管理器和预览

单击"确定"，生成抽壳特征，如图 10.39 所示。

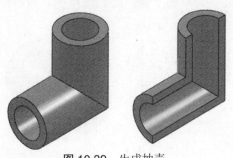

图 10.39 生成抽壳

10.5 镜向特征

如果零件上有对称结构，建立实体模型时，可以先生成对称面一侧的特征，然后利用"镜向"操作生成对称面另一侧的特征。

【例 10.7】 创建如图 10.40 所示零件。

新建一个零件文件。

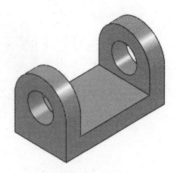

图 10.40 零件模型

1. 拉伸生成底板

选择上视基准面作为草图平面，使用"中心矩形"命令绘制如图 10.41 所示的草图，然后拉伸生成底板，厚度为 8。

2. 拉伸生成 U 形柱体

选择底板左端面作为草图平面，单击"正视于"，绘制两条直线如图 10.42 所示。

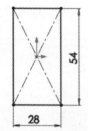

图 10.41 底 板

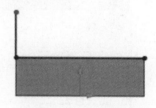

图 10.42 两条直线

单击"切线弧"按钮，绘制如图 10.43 所示圆弧，绘图时，注意使用捕捉推理线。绘制直线，使草图封闭，如图 10.44 所示。

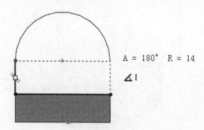

图 10.43 画切线弧

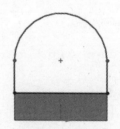

图 10.44 画直线

绘制圆，如图 10.45 所示。

标注尺寸，如图 10.46 所示。

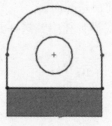

图 10.45 画 圆

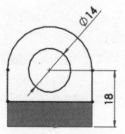

图 10.46 标注尺寸

拉伸生成带孔 U 形柱体，厚度为 8，如图 10.47 所示。

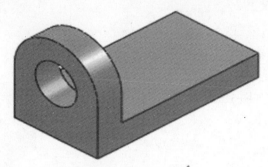

图 10.47　拉伸 U 形柱体

3. 镜向 U 形柱体

镜向特征的步骤如下：

（1）单击"特征"选项卡上的"镜向"按钮，系统打开"镜向"属性管理器，如图 10.48 所示。

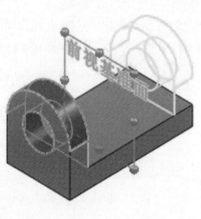

图 10.48　"镜向"属性管理器和预览

（2）"镜向面"选择形体的对称面，本例选择前视基准面。

（3）"要镜向的特征"在绘图区（或特征管理器设计树中）选择要镜向的特征，本例选择"凸台－拉伸 2"。镜向预览如图 10.48 所示。

（4）单击"确定"，完成镜向操作，如图 10.40 所示。

保存零件，名称为"镜向特征"。

10.6 阵列特征

10.6.1 线性阵列特征

将特征沿一条或两条直线路径阵列称为线性阵列。

【例 10.8】 创建如图 10.49 所示底板。

新建一个零件文件。

1. 生成底板

选择上视基准面作为草图平面，使用"中心矩形"命令绘制如图 10.50 所示草图，然后拉伸生成底板，厚度为 8。

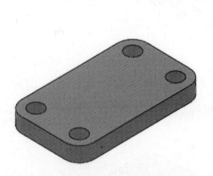

图 10.49 底 板

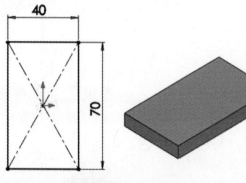

图 10.50 生成底板

2. 生成圆角

单击"特征"选项卡上的"圆角"按钮，系统打开"圆角"属性管理器，并显示预览，如图 10.51 所示。单击"确定"，生成圆角特征，如图 10.52 所示。

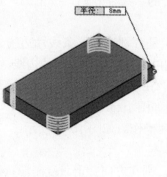

图 10.51 "圆角"属性管理器和预览

图 10.52 生成圆角

177

3. 生成"简单直孔"

单击"特征"工具栏上的"简单直孔"按钮，系统打开"孔"信息，提示为孔中心选择平面，单击底板顶面，系统打开"孔"属性管理器，并显示"孔"预览，如图 10.53 所示。

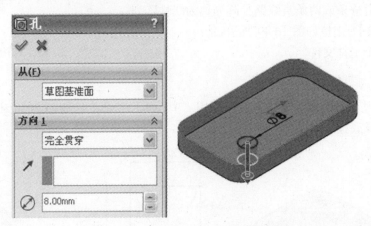

图 10.53 "孔"属性管理器和预览

单击孔的中心并拖动到圆角的圆心位置，释放鼠标后孔变成黑色。单击"确定"，生成孔，如图 10.54 所示。

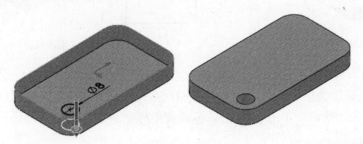

图 10.54 生成孔

4. 线性阵列"孔"特征

线性阵列特征的步骤如下：

（1）单击"特征"选项卡上的"线性阵列"按钮，系统打开"线性阵列"属性管理器，如图 10.55 所示。

（2）"方向 1"和"方向 2"是分别选择一条线性边线、直线、轴或尺寸。如有必要，单击"反向"来改变阵列的方向。本例选择的边线，如图 10.56 所示。

（3）"要阵列的特征"选项。在绘图区（或特征管理器设计树中）选择要阵列的特征。本例选择孔特征。阵列预览如图 10.56 所示。

（4）单击"确定"，完成阵列操作。如图 10.49 所示。

说明：

（1）如果勾选"只阵列源"，则在方向 2 上只复制源特征，而对方向 1 阵列所得到的特征不进行复制，如图 10.57 所示。

（2）"可跳过的实例"可以将所选特征从阵列复制的特征中去除，如图 10.58、图 10.59 所示。

图 10.55 "线性阵列"属性管理器

图 10.56 阵列预览

图 10.57 选择"只阵列源"

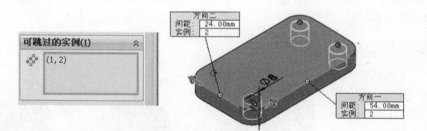

图 10.58 要跳过的实例

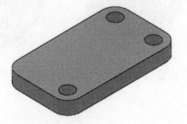

图 10.59 跳过实例（1，2）

图 10.60　法　兰

保存零件，文件名称为"线性阵列特征"。

10.6.2　圆周阵列特征

【例 10.9】　创建如图 10.60 所示法兰零件。

新建一个零件文件。

1. 生成圆板

选择前视基准面作为草图平面，绘制圆草图，然后拉伸生成圆柱，厚度为 10，如图 10.61 所示。

2. 生成小圆柱

选择圆板左端面作为草图平面，绘制圆草图，然后拉伸生成圆柱，拉伸深度为 15，如图 10.62 所示。

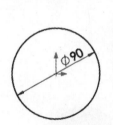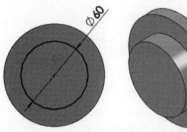

图 10.61　生成圆板　　　　　　　　　　图 10.62　生成左侧圆柱

3. 生成中心大孔

先单击左侧圆柱的左端面，然后单击"特征"工具栏上的"简单直孔"按钮，系统打开"孔"属性管理器，直径输入 50，终止条件选择"完全贯穿"。同时显示孔预览，如图 10.63 所示。

拖动孔圆心与圆柱的圆心重合，单击后圆周曲线变成黑色，单击"确定"，生成中心孔，如图 10.64 所示。

图 10.63　中心孔预览　　　　　　　　　图 10.64　生成中心孔

4. 生成小孔

先单击圆板的左端面，然后单击"特征"工具栏上的"简单直孔"按钮，系统打开"孔"属性管理器，直径输入 10，终止条件选择"完全贯穿"。同时显示孔预览，如图 10.65 所示。

　　单击"确定"，得到小孔，如图 10.66 所示。但小孔的位置不是我们想要的，使用修改孔草图的方法来确定小孔的位置。

图 10.65　小孔预览

图 10.66　生成小孔

　　单击特征管理器设计树上的"孔 2"，在弹出的菜单中单击"编辑草图"，系统打开生成小孔的"草图 4"，单击"正视于"按钮，如图 10.67（a）所示。

　　从草图原点绘制一条竖直中心线，拖动小圆圆心到中心线上，或选择小圆和中心线，然后添加"重合"几何关系。标注圆心位置尺寸为 37，小圆即完全定义，如图 10.67（b）所示。单击"确定"，生成准确位置的小孔，如图 10.68 所示。

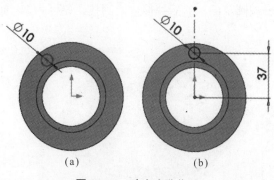

（a）　　　　　　　　（b）

图 10.67　确定小孔位置

图 10.68　生成小孔

5. 圆柱阵列小孔

圆周阵列特征的步骤如下：

　　（1）单击"特征"选项卡上的"线性阵列"按钮 下的"圆周阵列"按钮 ，系统打开"圆周阵列"属性管理器，如图 10.69 所示。

　　（2）"阵列轴"选项。单击菜单"视图">"临时轴"命令，模型显示圆柱的临时轴，阵列轴就选择此临时轴，如图 10.69 所示。

　　（3）"要阵列的特征"选项。在绘图区（或特征管理器设计树中）选择要阵列的特征。本例选择小孔特征。阵列预览如图 10.70 所示。

　　（4）单击"确定"，完成阵列操作。如图 10.60 所示。

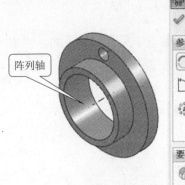

图 10.69 "圆周阵列"属性管理器

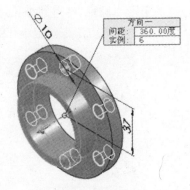

图 10.70 阵列预览

保存零件，文件名称为"圆周阵列特征"。

10.6.3 填充阵列特征

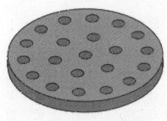

图 10.71 圆 板

【例 10.10】 创建如图 10.71 所示圆板。

此模型的大圆柱可用拉伸圆草图生成，小孔可用填充阵列的方法生成。

新建一个零件文件。

1. 生成大圆柱

选择上视基准面作为草图平面，绘制圆草图，然后拉伸生成圆柱，厚度为 8，如图 10.72 所示。

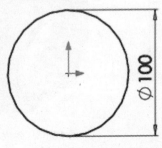

图 10.72 生成圆柱

2. 填充阵列生成孔

1）先绘制一条中心线作为后面的阵列方向

选择圆柱顶面作为草图平面，绘制一条中心线，如图 10.73 所示。

2）填充阵列

填充阵列的步骤如下：

（1）单击"特征"选项卡上的"线性阵列"按钮 下的"填充阵列"按钮 ，特征

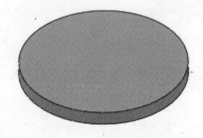

绘制一条中心线

图 10.73 中心线草图

打开"填充阵列"属性管理器，如图 10.74 所示。

（2）"填充边界"选项：单击圆柱顶面，如图 10.75 所示。

（3）"阵列布局"选项：选择圆周。

（4）"要阵列的特征"选项：选择"生成源切"，选择圆孔，直径为 8，顶点在圆心。

（5）"阵列方向"选项。选择上一步绘制的中心线草图，阵列预览如图 10.75 所示。

（6）单击"确定"，完成阵列操作。如图 10.71 所示。

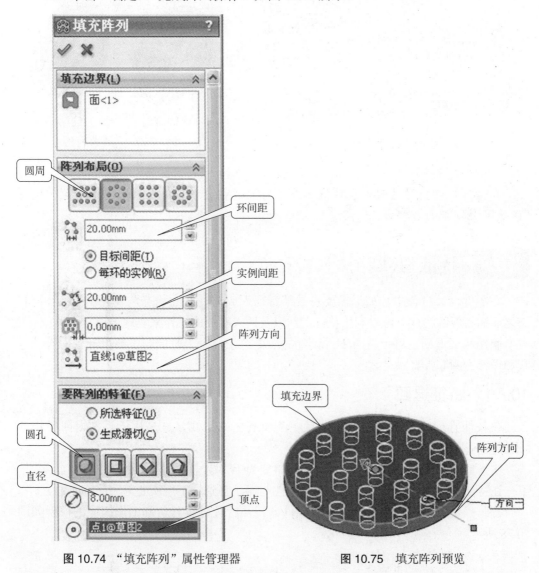

图 10.74 "填充阵列"属性管理器　　　　图 10.75 填充阵列预览

10.7 压缩特征和解除压缩特征

某一特征被压缩后，它将从模型中移出（但没有删除），在特征管理器设计树中以灰色显示。被压缩的特征在图形区域不会显示出来，同时系统也避免了此特征参与的计算。因此，在模型建立的过程中，可以压缩一些对下一步建模无影响的特征，这样可以加快复杂模型的重建速度。

1. 压缩特征

以压缩"圆周阵列特征"上的阵列孔为例说明压缩特征的方法。

打开"圆周阵列特征"零件文件。

在特征管理器设计树上选择要压缩的特征或在图形区域选择要压缩特征的一个面，右键单击，在弹出的快捷菜单里选择"压缩"，如图 10.76 所示。结果如图 10.77 所示。

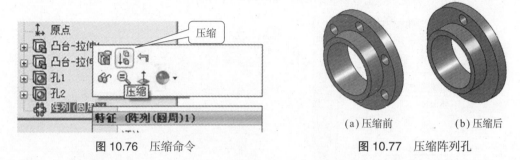

图 10.76　压缩命令

(a) 压缩前　　　　　(b) 压缩后

图 10.77　压缩阵列孔

2. 解除压缩特征

在特征管理器设计树上选择被压缩的特征，右键单击，在弹出的快捷菜单选择"解除压缩"，特征被恢复。

10.8　特征退回和插入特征

在零件设计过程中，如果需要查看某特征生成前、后的状态，或者在某一特征状态之前插入新的特征，可以利用特征退回以及插入特征的操作来实现。

使用特征退回，可以查看零件设计的历史纪录，对于研究与了解设计者的设计过程和设计意图非常有意义。

10.8.1　特征退回

在特征管理器设计树的最底端有一条浅蓝色的粗线，这是用于零件退回操作的"退回控制棒"。

将指针放在退回控制棒上，指针形状将变为手形。

在特征管理器设计树中往上拖动退回控制棒，直到位于您所要退回的特征之上。

打开"镜向特征"零件文件，该零件的特征管理器设计树和图形区域的模型如图 10.78 所示。

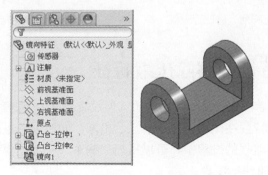

图 10.78　特征管理器设计树和模型

将鼠标移动到"退回控制棒"上，鼠标指针变成"手"形状，单击选中"退回控制棒"，其由浅蓝色变成深蓝色。上下拖动"退回控制棒"，可以将零件退回到不同特征之前。

移动"退回控制棒"到"镜向"特征前的特征管理器设计树和模型状态，如图10.79所示。

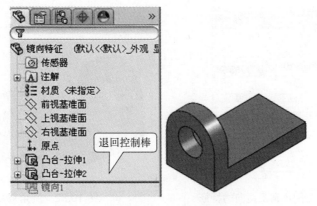

图 10.79　退回特征

10.8.2　插入特征

拖动"退回控制棒"退回到需插入特征的位置，可以增加新的特征或编辑已有的特征。

例如，现在对"镜向特征"中"凸台－拉伸 2"中的孔添加一个"倒角"特征，并且要和"凸台－拉伸 2"同时进行镜向。如果不使用零件退回，新建的倒角特征将位于"镜向"特征之后，编辑"镜向"特征时，不能选择倒角特征。

使用零件退回，在"镜向"特征前插入"倒角"特征。

具体操作如下：

（1）将零件退回到"镜向"之前，如图 10.79 所示。

（2）添加"倒角"特征，则"倒角"特征被插入到"凸台－拉伸 2"之后，"镜向"之前，如图 10.80 所示。

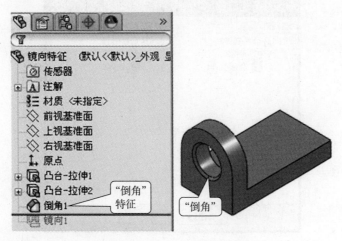

图 10.80　插入"倒角"特征

（3）拖动"退回控制棒"到最后，结束零件退回状态。

（4）在特征管理器设计树中右键单击"镜向"，选择快捷菜单"编辑特征"，系统打开"镜向"属性管理器，在"要阵列的特征"列表框中添加"倒角"特征，如图 10.81 所示。

（5）单击"确定"，镜向的内容就包括了倒角特征，如图 10.82 所示。

图 10.81 添加倒角到要镜向的特征

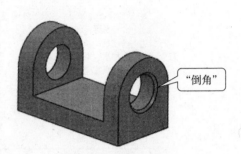

图 10.82 倒角被镜向

10.8.3 查看父子关系

零件上有些特征通常建立在其他现有特征之上。例如，先生成基体拉伸特征，然后生成其他特征，如凸台或切除拉伸。原有的基体拉伸是父特征；凸台或切除拉伸是子特征。子特征的存在取决于父特征。

父特征是其他特征所依赖的现有特征。父子关系具有以下特点：

（1）您只能查看父子关系而不能进行编辑。

（2）您不能将子特征重排于其父特征之前。

要查看父子几何关系按如下操作：

在特征管理器设计树或图形区域中，用右键单击想要查看父子关系的特征。在快捷菜单中选择"父子关系"命令，系统打开"父子关系"对话框，可以查看该特征的父特征和子特征，如图 10.83 所示。

图 10.83 "父子关系"对话框

说明：

"凸台-拉伸 2"特征的父特征是："草图 2"、"凸台-拉伸 1"。

"凸台-拉伸 2"特征的子特征是："倒角 1"和"镜向 1"。

 思考与练习

1. 为三角尺生成刻度线，如图 10.84 所示。

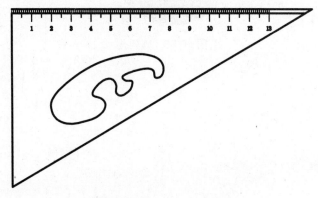

图 10.84　三角尺刻度线

2. 为 10.2.sldprt 模型生成筋特征，阵列圆孔，如图 10.85 所示。

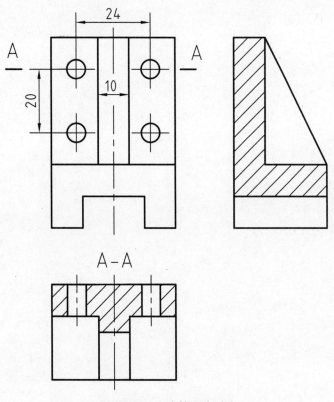

图 10.85　生成筋和阵列孔

3. 为 10.3.sldprt 模型阵列孔，阵列数目 18 个，如图 10.86 所示。

图 10.86　阵列孔

第**11**章

组合体建模实例

较复杂的立体一般都可以分解为基本体的叠加或切割，统称组合体。组合体通常分为叠加型、切割型和综合型三类。

11.1 叠加型组合体建模

叠加型组合体主要由"拉伸凸台／基体"、"旋转凸台／基体"命令生成。

【例11.1】 创建如图11.1所示形体模型。

分析：该组合体由中板和前后对称的耳板组成。中板和一侧的耳板可以拉伸生成，另一侧的耳板使用"镜向"命令生成。

新建一个零件文件。

1．生成中板

（1）选择右视基准面作为草图平面，绘制如图11.2所示草图，并标注尺寸。

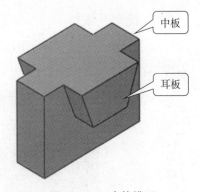

图11.1 组合体模型

先从草图原点绘制一条竖直的中心线，单击"草图"工具栏上的"动态镜向实体"按钮 ，中心线两端显示对称符号。然后使用"直线"命令绘制矩形，最后标注尺寸。

（2）拉伸生成如图11.3所示中板。

拉伸时，终止条件选择"两侧对称"，厚度为12。

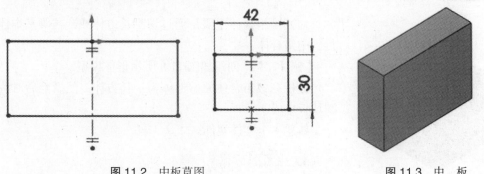

图11.2 中板草图   图11.3 中 板

2. 生成耳板

（1）选择中板前端面作为草图平面，绘制耳板草图。

绘图时，同样先画一条竖直的中心线，并单击"动态镜向实体"按钮 ，然后画梯形，如图 11.4 所示。最后标注尺寸，如图 11.5 所示。

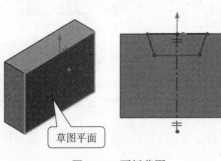

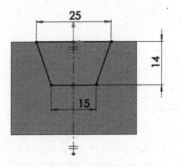

图 11.4　耳板草图　　　　　　　　　图 11.5　耳板草图标注尺寸

（2）拉伸生成耳板。

拉伸时，"终止条件"选择"给定深度"，深度为 8，如图 11.6 所示。

3. 镜向耳板

单击"特征"选项卡上的"镜向"按钮 ，"镜向面"选择右视基准面，"要镜向的特征"选择耳板。镜向预览如图 11.7 所示。单击"确定"，得到如图 11.1 所示模型。

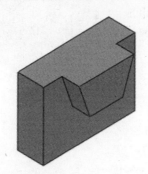

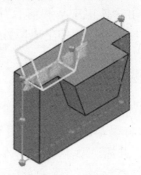

图 11.6　耳　板　　　　　　　　　图 11.7　镜向预览

11.2　切割型组合体建模

切割型组合体主要是通过切割长方体或圆柱等基本体而得到的组合体。

【例 11.2】　创建如图 11.8 所示形体模型。

分析： 该组合体原始形体为一长方体，然后前后对称切割耳板生成。

新建一个零件文件。

1. 生成长方体

（1）选择右视基准面作为草图平面，绘制矩形草图。

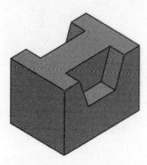

图 11.8　组合体模型

这次我们使用"中心矩形"命令绘制矩形，如图 11.9（a）所示，然后选择草图原点和矩形顶边，如图 11.9（b）所示，为它们添加"中点"几何关系，如图 11.9（c）所示。最后标注尺寸，如图 11.10 所示。

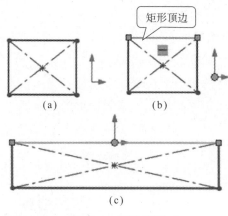

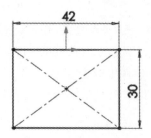

图 11.9　矩形草图　　　　　　　　　　　图 11.10　标注尺寸

（2）拉伸生成长方体。

拉伸时，终止条件选择"两侧对称"，厚度为 30，如图 11.11 所示。

2. 切割耳板

（1）绘制耳板草图。

选择长方体前端面作为草图平面，绘制耳板梯形草图，标注尺寸，如图 11.12 所示。

（2）切割耳板。

拉伸切除时，终止条件选择"给定深度"，深度为 8，如图 11.13 所示。

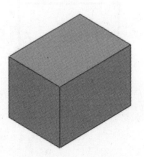

图 11.11　长方体

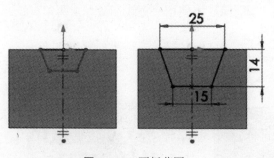

图 11.12　耳板草图

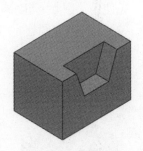

图 11.13　切除耳板

3. 镜向切除的耳板

单击"特征"选项卡上的"镜向"按钮，"镜向面"选择右视基准面，"要镜向的特征"选择切除的耳板。镜向预览如图 11.14 所示。单击"确定"，得到如图 11.8 所示模型。

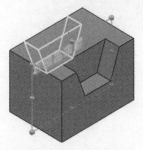

图 11.14　镜向预览

【**例 11.3**】 创建如图 11.15 所示形体模型。

分析：该模型原始形体为一个正方体，先切割一个 1/4 圆柱，再切割一角。

新建一个零件文件。

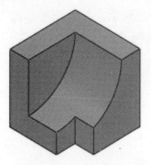

图 11.15 组合体模型

1. 生成正方体

（1）选择右视基准面作为草图平面，绘制正方形草图。

先使用"边角矩形"命令以草图原点为一角点绘制一个矩形，然后标注相等的尺寸（或为矩形两边添加"相等"几何关系），形成正方形，如图 11.16 所示。

（2）拉伸生成正方体。

拉伸时，终止条件选择"两侧对称"，深度为 35（正方形的边长），如图 11.17 所示。

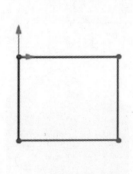
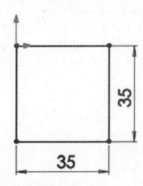
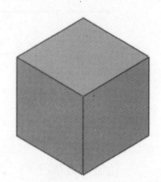

图 11.16 正方形草图 　　　　　　　　　　图 11.17 正方体

2. 切割 1/4 圆柱

（1）选择正方体前端面作为草图平面，绘制扇形草图，如图 11.18 所示。

先使用"圆心/起/终点画弧"画 1/4 圆弧，再使用"直线"命令画两条直线。

（2）切割 1/4 圆柱。

拉伸切除时，终止条件选择"给定深度"，深度取 25，如图 11.19 所示。

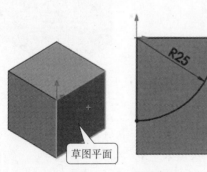
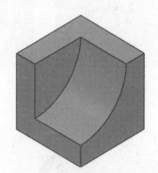

图 11.18 扇形草图 　　　　　　　　　图 11.19 切除 1/4 圆柱

3. 切割一角

（1）绘制角块草图。

选择正方体前端面作为草图平面，如图 11.20（a）所示。单击三条边线，如

图 11.20（b）所示，单击"草图"选项卡上的"转换实体引用"，生成草图线条，如图 11.20（c）所示。使用"直线"命令绘制直线，如图 11.20（d）所示。使用"剪裁"剪裁掉右侧的多余线条，如图 11.20（e）所示。最后标注尺寸，如图 11.20（f）所示。

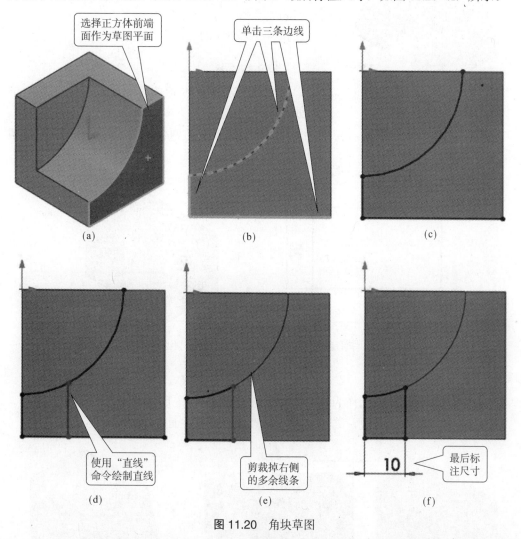

选择正方体前端面作为草图平面

单击三条边线

(a)　　　　　　　(b)　　　　　　　(c)

使用"直线"命令绘制直线

剪裁掉右侧的多余线条

最后标注尺寸

10

(d)　　　　　　　(e)　　　　　　　(f)

图 11.20　角块草图

（2）切割角块。拉伸切除时，终止条件选择"给定深度"，深度取 10，预览如图 11.21 所示。结果如图 11.15 所示。

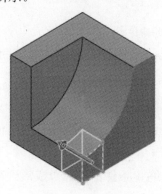

图 11.21　切除预览

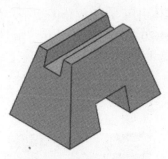

图 11.22　组合体模型

【例 11.4】 创建如图 11.22 所示的形体模型。

分析：该组合体原始形体为一个长方体，前后、左右各切割一个三角块，上部左右切割一个槽，下部前后切割一个槽。

新建一个零件文件。

1. 生成长方体

（1）选择右视基准面作为草图平面，绘制矩形草图，如图 11.23 所示。

（2）拉伸生成长方体，拉伸时，终止条件选择"两侧对称"，深度为 30，如图 11.24 所示。

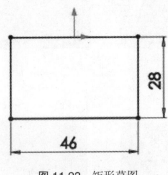

图 11.23　矩形草图

图 11.24　长方体

2. 左右切角

（1）选择长方体前端面作为草图平面，绘制如图 11.25 所示草图。

（2）拉伸切除左侧角块，终止条件选择"成形到下一面"，如图 11.26 所示。

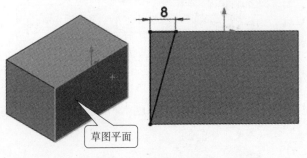

图 11.25　左角块草图

图 11.26　切　角

（3）左右镜向切角，"镜向面"选择前视基准面，"要镜向的特征"选择拉伸切除的角块，如图 11.27 所示。

3. 前后切角

（1）选择前视基准面作为草图平面，绘制如图 11.28 所示草图。

（2）双向拉伸切除角块，终止条件都选择"成形到下一面"，如图 11.29 所示。

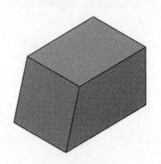

图 11.27　左右镜向切角

（3）前后镜向切角，"镜向面"选择右视基准面，"要镜向的特征"选择拉伸切除的角块，如图 11.30 所示。

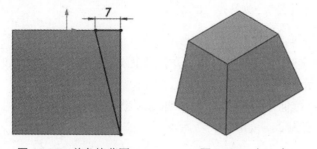

图 11.28　前角块草图　　　　图 11.29　切　角　　　　图 11.30　前后镜向切角

4. 左右切槽

（1）选择前视基准面作为草图平面，绘制矩形草图，如图 11.31 所示。

（2）双向拉伸切除，终止条件都选择"成形到下一面"，预览和结果如图 11.32 所示。

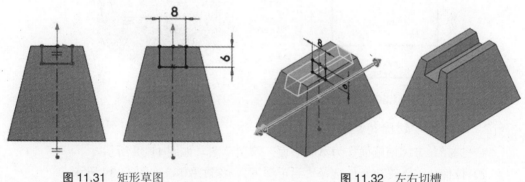

图 11.31　矩形草图　　　　　　　　图 11.32　左右切槽

5. 前后切槽

（1）选择右视基准面作为草图平面，绘制如图 11.33 所示矩形草图。

（2）前后双向拉伸切除。终止条件都选择"成形到下一面"，预览如图 11.34 所示。结果如图 11.22 所示。

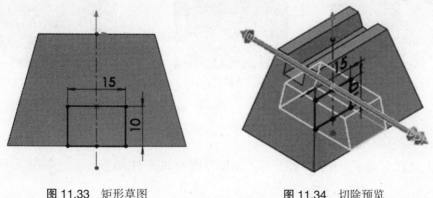

图 11.33　矩形草图　　　　　　　　图 11.34　切除预览

【例 11.5】 创建如图 11.35 所示形体模型。

分析：该组合体原始形体为一个长方体，经过三次切割和一次穿孔，得到分为 3 层的形体。

1. 生成长方体

（1）选择右视基准面作为草图平面，绘制矩形草图，如图 11.36 所示。

图 11.35 组合体模型

（2）拉伸生成长方体，拉伸时，终止条件选择"两侧对称"，深度为 28，如图 11.37 所示。

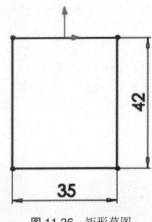

图 11.36 矩形草图

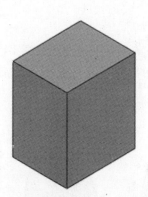

图 11.37 长方体

2. 前后拉伸切除得到前层

（1）选择长方体前端面作为草图平面，绘制草图，如图 11.38 所示。

（2）拉伸切除。终止条件选择"给定深度"，深度取 8，如图 11.39 所示。

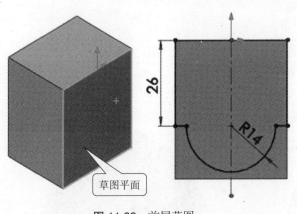

图 11.38 前层草图

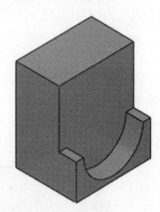

图 11.39 切除得到前层

3. 切除半圆得到中层

（1）选择中间平面作为草图平面，绘制草图，如图 11.40 所示，此草图不用标注任何尺寸。

（2）拉伸切除，深度为 10，如图 11.41 所示。

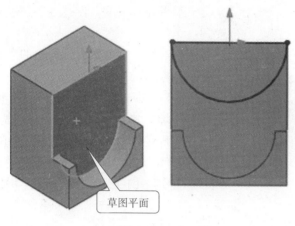

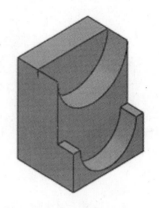

图 11.40 草 图

图 11.41 拉伸切除得到中层

4. 切除后层半圆槽

（1）选择草图平面，绘制半圆草图，如图 11.42 所示。

（2）拉伸切除，终止条件选择"成形到下一面"，如图 11.43 所示。

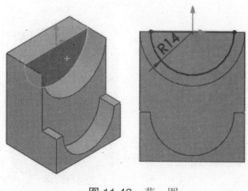

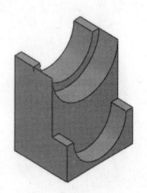

图 11.42 草 图

图 11.43 拉伸切除

5. 穿 孔

（1）单击"简单直孔"命令，在"孔"属性管理器中，孔直径取 12，终止条件选择"成形到下一面"。在如图 11.44（a）所示平面单击，放置孔，单击"确定"，结果如图 11.44（b）所示。

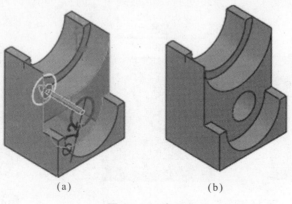

(a)　　　　　　　　　　(b)

图 11.44 穿 孔

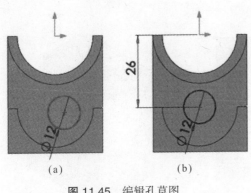

图 11.45　编辑孔草图

分析： 该模型由圆柱切割和穿孔生成。

新建一个零件文件。

（2）编辑孔的草图，使孔处于正确的位置。

右键单击特征管理器设计树上的"孔1"，在弹出的菜单中单击"编辑草图"，如图 11.45（a）所示。标注尺寸 26，为孔的圆心和草图原点添加"竖直"几何关系，圆曲线变成黑色，如图 11.45（b）所示。退出草图绘制，得到如图 11.35 所示模型。

【例 11.6】 创建如图 11.46 所示形体模型。

1．生成圆柱

选择上视基准面作为草图平面，绘制圆草图，直径为 34，然后拉伸生成圆柱，圆柱高度为 36，如图 11.47 所示。

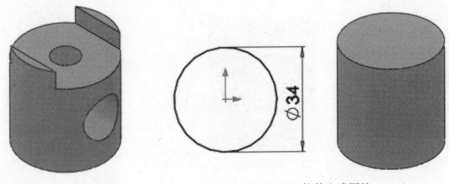

图 11.46　组合体模型　　　　　　图 11.47　拉伸生成圆柱

2．切　槽

（1）选择右视基准面作为草图平面，绘制矩形草图，为两条短边和中心线添加"对称"几何关系，标注尺寸，如图 11.48 所示。

（2）双向拉伸切除，终止条件选择"成形到下一面"，如图 11.49 所示。

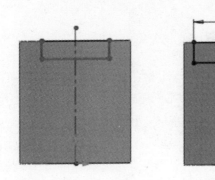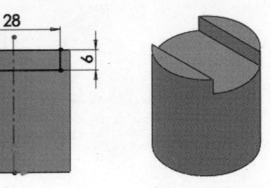

图 11.48　矩形草图　　　　　　　图 11.49　拉伸切除槽

3. 上下穿孔

单击"草图"工具栏上的"简单直孔"命令，直径取 10，终止条件选择"成形到下一面"。单击如图 11.50（a）所示平面放置孔，拖动孔的中心与圆柱圆周中心重合，结果如图 11.50（b）所示。

4. 前后穿孔

（1）选择右视基准面作为草图平面，绘制圆草图，标注尺寸，为圆心和草图原点添加"竖直"几何关系，如图 11.51 所示。

（2）双向拉伸切除，终止条件选择"成形到下一面"，预览如图 11.52 所示，结果如图 11.46 所示。

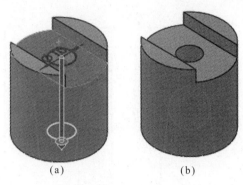

图 11.50 穿 孔

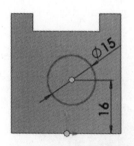

图 11.51 圆草图

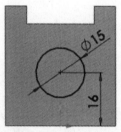

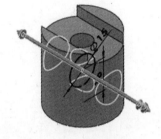

图 11.52 切除预览

11.3 综合型组合体建模

综合型组合体是基本体经过叠加和切割得到的形体。

【例 11.7】 创建如图 11.53 所示形体模型。

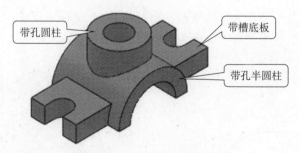

图 11.53 组合体模型

分析：该组合体由带孔半圆柱、带孔圆柱、带槽底板组成。

新建一个零件文件。

1. 拉伸生成底板

（1）选择上视基准面作为草图平面，绘制矩形草图，如图 11.54 所示。

绘制槽口草图，如图 11.55 所示。

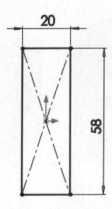

图 11.54　矩形草图

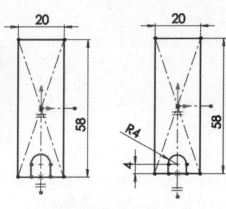

图 11.55　槽口草图

镜向槽口部分，如图 11.56（a）所示，剪裁掉多余线条，如图 11.56（b）所示。

（2）拉伸生成底板，底板厚度为 7，如图 11.57 所示。

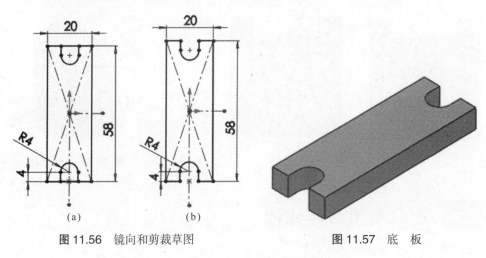

（a）　　　　　　（b）

图 11.56　镜向和剪裁草图

图 11.57　底　板

2．拉伸生成半圆柱

（1）选择右视基准面作为草图平面，绘制如图 11.58 所示草图。

（2）双向拉伸生成半圆柱，深度为 30，如图 11.59 所示。

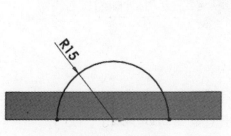

图 11.58　半圆草图

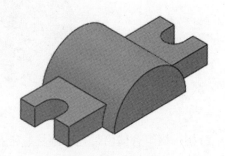

图 11.59　半圆柱

3．生成竖直圆柱

（1）选择上视基准面作为草图平面，绘制圆草图，如图 11.60 所示。

（2）拉伸生成圆柱，高度为 22，如图 11.61 所示。

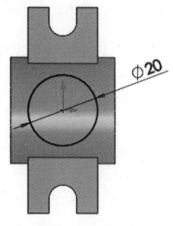

图 11.60　圆草图

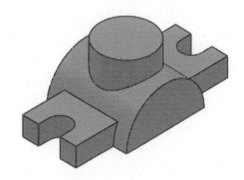

图 11.61　竖直圆柱

4. 前后穿孔

（1）选择半圆柱前端面作为草图平面，绘制半圆草图，如图 11.62 所示。

（2）拉伸切除生成孔，终止条件选择"成形到下一面"，如图 11.63 所示。

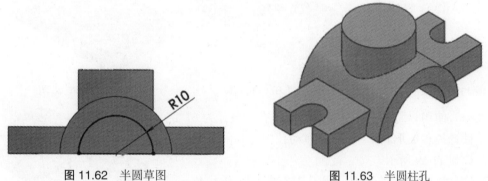

图 11.62　半圆草图　　　　　　　　　　　　　　图 11.63　半圆柱孔

5. 上下穿孔

单击"简单直孔"命令，直径取 10，终止条件选择"成形到下一面"，单击竖直圆柱顶面来放置孔，如图 11.64 所示。拖动孔中心与圆柱顶面圆心重合，单击"确定"，得到如图 11.53 所示模型。

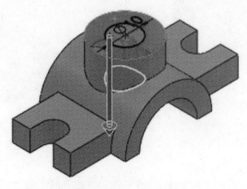

图 11.64　上下穿孔

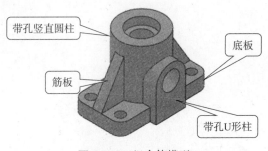

图 11.65 组合体模型

【例 11.8】 创建如图 11.65 所示形体模型。

分析：该组合体由底板、带孔竖直圆柱、带孔 U 形柱和筋板组成。

新建一个零件文件。

1. 拉伸生成底板

（1）选择上视基准面作为草图平面，绘制矩形草图，如图 11.66 所示。

（2）拉伸生成底板，厚度为 8，如图 11.67 所示。

（3）为底板添加"圆角"，半径为 6，如图 11.68 所示。

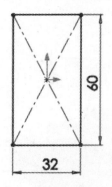

图 11.66 矩形草图

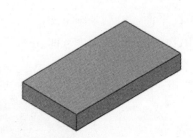

图 11.67 底 板

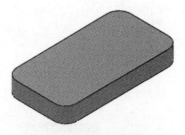

图 11.68 添加圆角

（4）使用"简单直孔"命令生成圆孔，直径为 6，终止条件选择"成形到下一面"。拖动孔中心与圆角圆心重合，如图 11.69 所示。

（5）"线性阵列"圆孔，圆孔左右中心距离为 48，前后中心距离为 20，预览如图 11.70 所示，结果如图 11.71 所示。

图 11.69 生成圆孔

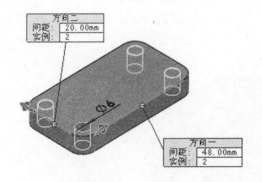

图 11.70 阵列预览

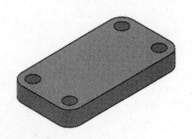

图 11.71 阵列结果

2. 生成竖直圆柱

（1）选择底板顶面作为草图平面，绘制圆草图，如图 11.72 所示。

（2）拉伸生成竖直圆柱，圆柱高度为 32，如图 11.73 所示。

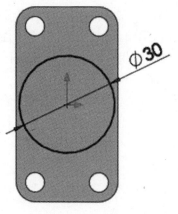

图 11.72　圆草图

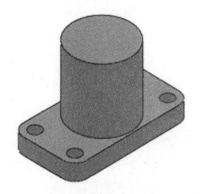

图 11.73　竖直圆柱

3. 生成 U 形柱

（1）新建一个基准面 1。按住 Ctrl 键的同时拖动右视基准面，在"基准面"属性管理器输入距离 20，如图 11.74 所示。单击"确定"，得到一个新的基准面 1，如图 11.75 所示。

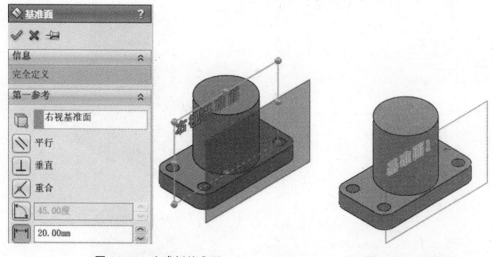

图 11.74　生成新基准面 1

图 11.75　基准面 1

（2）选择基准面 1 作为草图平面，绘制草图，如图 11.76 所示。

（3）拉伸生成 U 形柱，终止条件选择"成形到下一面"，如图 11.77 所示。

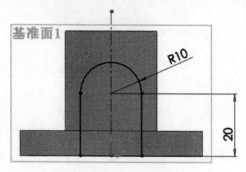

图 11.76　绘制草图

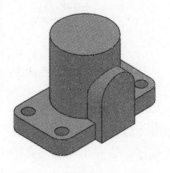

图 11.77　拉伸生成 U 形柱

4. 生成竖直圆柱的沉孔

单击"特征"选项卡上的"异型孔向导"按钮，系统打开"孔规格"属性管理器，在"孔类型"里单击"旧制孔"，在"类型"下拉列表里选择"柱形沉头孔"，修改"截面尺寸"下的各项尺寸，终止条件选择"完全贯穿"，如图11.78所示。

单击"位置"选项卡，单击竖直圆柱顶面圆周的圆心，放置孔，单击"确定"，如图11.79所示。

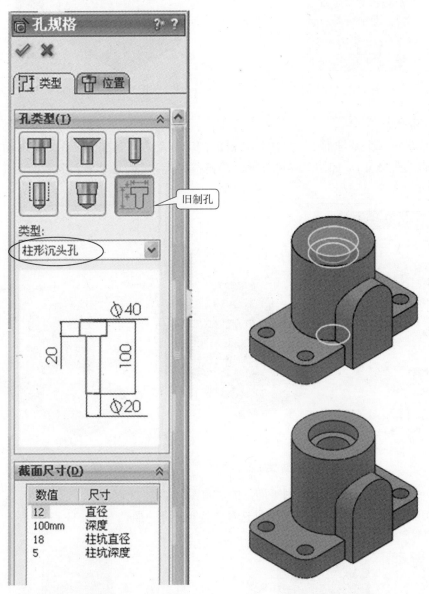

图11.78 "孔规格"属性管理器   图11.79 放置孔

5. 生成U形柱上的孔

单击"简单直孔"命令，直径取12，终止条件选择"成形到下一面"，单击U形柱的前端面，放置孔，拖动孔中心与半圆圆心重合，如图11.80所示。单击"确定"，得到孔，如图11.81所示。

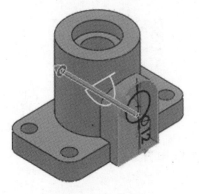

图 11.80 放置孔

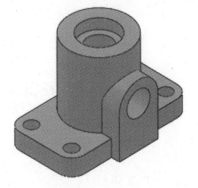

图 11.81 U 形柱孔

6. 生成筋

（1）选择右视基准面作为草图平面，绘制直线筋草图，如图 11.82 所示。

（2）单击"特征"选项卡上的"筋"按钮，筋厚度取 6，得到如图 11.83 所示筋。

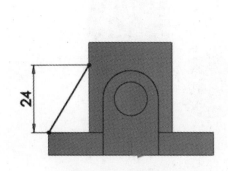

图 11.82 筋草图

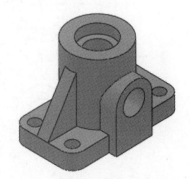

图 11.83 筋

（3）左右镜向筋特征，得到如图 11.65 所示模型。

【例 11.9】 创建如图 11.84 所示形体模型。

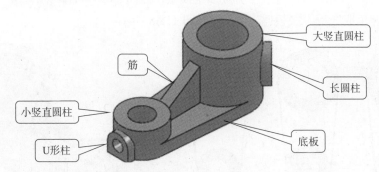

图 11.84 组合体模型

分析：该组合体由大、小竖直圆柱、底板、U 形柱、长圆柱和筋组成。

新建一个零件文件。

1. 生成大竖直圆柱

选择上视基准面作为草图平面，绘制草图，然后拉伸生成带孔圆柱，圆柱高度为 25，如图 11.85 所示。

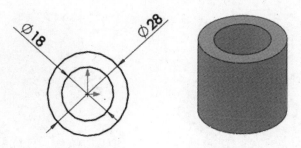

图 11.85 带孔大圆柱

2．生成小竖直圆柱

选择上视基准面作为草图平面，绘制草图，然后拉伸生成带孔圆柱，圆柱高度为12，如图 11.86 所示。

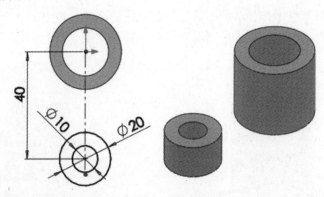

图 11.86 带孔小圆柱

3．生成底板

（1）选择上视基准面作为草图平面，先单击两圆周，然后单击"转换实体引用"命令得到两个圆草图，绘制两直线，如图 11.87（a）所示。为直线与两圆添加"相切"几何关系，如图 11.87（b）所示。剪裁多余线条，如图 11.87（c）所示。

（2）拉伸生成底板，底板厚度为 5，如图 11.88 所示。

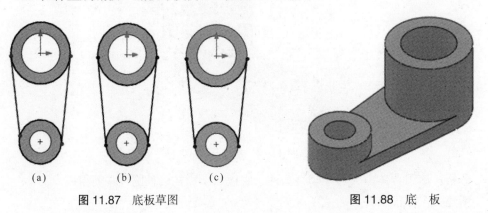

(a)　　　　　(b)　　　　　(c)

图 11.87 底板草图　　　　　图 11.88 底 板

4．生成 U 形柱

（1）新建一个基准面 1，按住 Ctrl 键的同时拖动前视基准面，如图 11.89 所示，距离取 52，得到基准面 1，如图 11.90 所示。

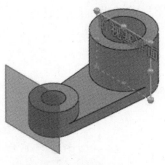

图 11.89 生成新基准面

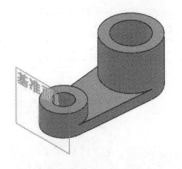

图 11.90 基准面 1

（2）选择基准面 1 作为草图平面，绘制草图，如图 11.91 所示。

（3）拉伸生成 U 形柱，终止条件选择"成形到下一面"，如图 11.92 所示。

（4）使用"简单直孔"命令生成 U 形柱上的孔，孔直径为 5，如图 11.93 所示。

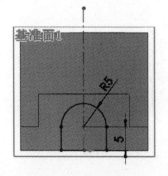

图 11.91 绘制草图

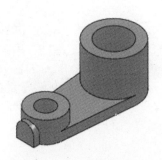

图 11.92 生成 U 形柱

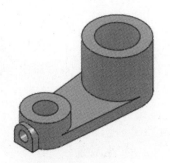

图 11.93 U 形柱孔

5. 生成长圆柱体

（1）新建一个基准面 2。

选择上视基准面作为草图平面，绘制两条中心线，一条水平，一条倾斜，如图 11.94 所示，然后退出草图绘制。

单击"特征"选项卡上的"参考几何体"下的"基准面"，第一参考选择倾斜中心线的端点，第二参考选择该中心线，如图 11.95 所示。单击"确定"，得到基准面 2，如图 11.96 所示。

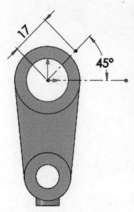

图 11.94 中心线草图

图 11.95 生成新基准面 2

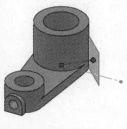

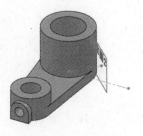

图 11.96 基准面 2

（2）选择基准面2作为草图平面，单击"草图"选项卡上的"直槽口"按钮，绘制槽口草图，如图11.97所示。

（3）拉伸生成长圆柱体，如图11.98所示。

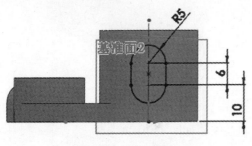
图11.97 槽口草图

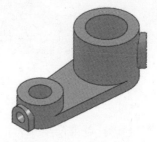
图11.98 长圆柱体

（4）使用"简单直孔"命令生成长圆柱体上的小孔，直径为5，如图11.99所示。

图11.99 生成小孔

6. 生成筋

选择右视基准面作为草图平面，绘制筋草图直线，如图11.100所示，然后退出草图绘制。

单击"特征"选项卡上的"筋"按钮，筋厚度取5，预览如图11.101所示。单击"确定"，结果如图11.84所示。

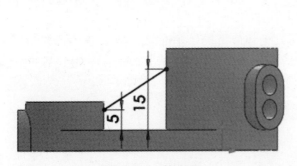
图11.100 筋草图

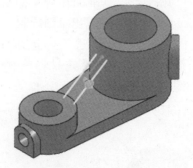
图11.101 筋预览

【例11.10】 创建如图11.102所示形体模型。

分析：该形体由带孔竖直圆柱、水平带孔圆柱和底板组成，底板上有3个槽口。

新建一个零件文件。

1. 生成带孔竖直圆柱

选择上视基准面作为草图平面，绘制草图，拉伸生成圆柱，深度为34，如图11.103所示。

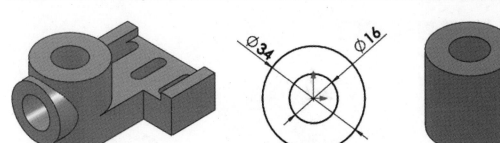

图 11.102 组合体模型 　　　　　　　　图 11.103 竖直圆柱

2. 生成带孔水平圆柱

（1）先建立一个新基准面。

按住 Ctrl 键，单击前视基准面，并向左拖动，在基准面属性管理器中输入距离
20，生成基准面 1，如图 11.104 所示。

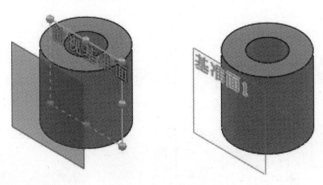

图 11.104 生成基准面 1

（2）生成圆柱。

选择基准面 1 作为草图平面，绘制草图，如图 11.105 所示。

拉伸生成圆柱，如图 11.106 所示。

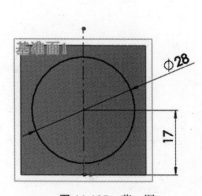

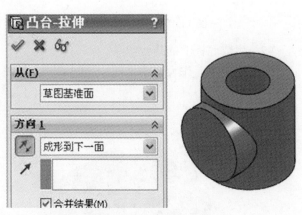

图 11.105 草 图 　　　　　　　　图 11.106 拉伸生成圆柱

（3）生成孔。

使用"简单直孔"，直径为 16，单击水平圆柱左端面，拖动孔中心与圆柱左端面圆
心重合，如图 11.107 所示。单击"确定"，生成孔，如图 11.108 所示。

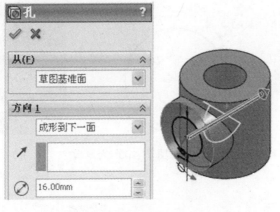

图 11.107　简单直孔预览　　　　　　　　图 11.108　简单直孔

3. 生成带槽口底板

（1）生成底板。

选择上视基准面作为草图平面，绘制草图，其中圆可以使用"转换实体引用"命令生成，如图 11.109（a）所示。标注尺寸并裁剪如图 11.109（b）所示。

拉伸生成底板，深度为 14，如图 11.110 所示。

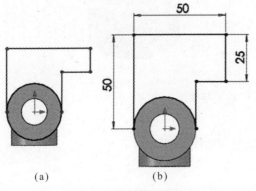

（a）　　　　　　　（b）

图 11.109　绘制草图　　　　　　　　图 11.110　生成底板

（2）生成底板上的凸台。

选择底板顶面作为草图平面，绘制草图，如图 11.111 所示。

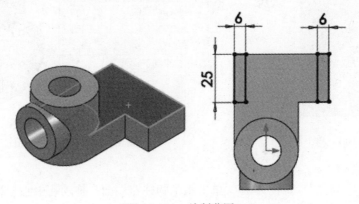

图 11.111　绘制草图

拉伸生成凸台，如图 11.112 所示。

图 11.112　生成凸台

（3）生成槽口。

选择底板顶面作为草图平面，使用"直槽口"命令绘制草图，如图 11.113 所示。

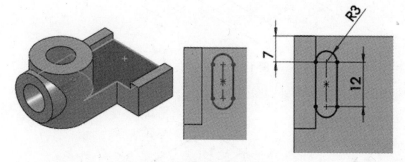

图 11.113　绘制草图

拉伸切除，生成槽口，如图 11.114 所示。

线性阵列槽口，如图 11.115 所示。

图 11.114　生成槽口　　　　　　图 11.115　阵列槽口

思考与练习

1. 根据如图 11.116 所示轴测图创建其模型。

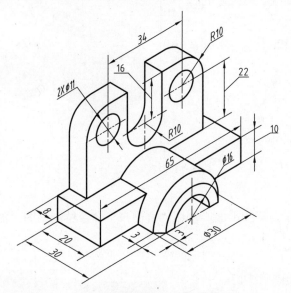

图 11.116 组合体轴测图

2. 根据如图 11.117 所示轴测图创建其模型。

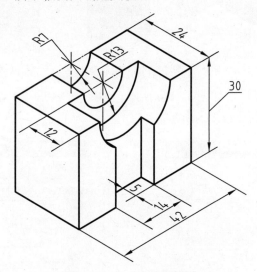

图 11.117 组合体轴测图

第 **12** 章

机件的剖切配置

12.1 模型中的剖面视图

剖面视图就是利用模型的基准面或平面把模型剖开显示，以便观察零件的内部结构。

剖面视图只是零件的显示被切开，而不是零件模型本身，模型本身仍然是完整的。

生成模型中剖面视图的步骤如下：

（1）在零件或装配体文档中，单击"视图"工具栏上的"剖面视图"按钮 ，或单击"前导视图"工具栏上的"剖面视图"按钮，或依次单击菜单"视图">"显示">"剖面视图"。

（2）在"剖面视图"属性管理器中的"剖面1"下设置属性。

（3）若想以另外的基准面或平面剖切模型，选择"剖面2"和"剖面3"，然后设定属性。"剖面3"要等到"剖面2"被选择后才可使用。

（4）单击"确定"按钮 。

重新单击"剖面视图"按钮 ，可以使模型返回到完整视图。

【例 12.1】 打开"泵盖"零件文件，使它以等轴测图样式显示，如图 12.1 所示，观察它的剖面视图。

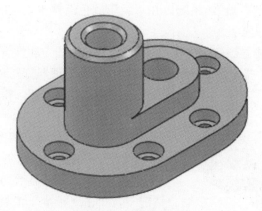

图 12.1 泵盖模型

（1）单击"视图"工具栏上的"剖面视图"按钮 ，系统打开"剖面视图"属性管理器，图形区显示预览，如图 12.2 所示。

（2）设置属性管理器中的属性。

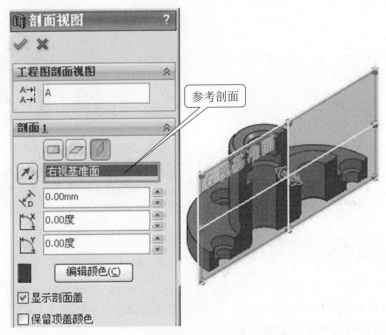

图 12.2　"剖面视图"属性管理器和预览

①"剖面 1"、"剖面 2"、"剖面 3"选项。"剖面 3"在选择"剖面 2"之后出现。使用"剖面 2"和"剖面 3"以额外的基准面或面剖切模型。本例只选"剖面 1"。

②"参考剖面"选择一个基准面或面，或单击前视基准面 □、上视基准面 ⬚ 或者右视基准面 ⬚ 来生成剖面视图。本例选择"右视基准面"为参考剖面。

⬚按钮为"反转剖面反向"，可更改切割的方向。

⬚按钮为"等距距离"，设置从平面或面切割的剖面的等距距离

⬚按钮为"X 旋转"，沿 X 轴旋转参考剖面。

⬚按钮为"Y 旋转"，沿 Y 轴旋转参考剖面。

"编辑颜色"框用于改变剖面视图的颜色。

如果选择"显示剖面盖"，系统以在"编辑颜色"框中指定的颜色显示剖面视图。清除此选项可看到模型内部。

如果选择"保留顶盖颜色"，系统在关闭"剖面视图"属性管理器之后，继续显示具有"编辑颜色"框中指定的颜色的剖面盖。在属性管理器打开时，此属性没有影响。

（3）单击"确定"，得到泵盖的剖面视图，如图 12.3 所示。

我们可以通过生成工程图来验证剖面视图只是对模型显示的剖切，而不是真的切开模型。

在"泵盖"零件显示剖面视图（图 12.3）的情况下，单击"标准"工具栏上的"从零件／装配体制作工程图"按钮 ⬚，系统打开"图纸格式／大小"对话框，选择标准图纸 A3（GB），单击"确定"后进入工程图文件模式，从屏幕右侧的"视图调色板"中把右视拖放到图纸区域，作

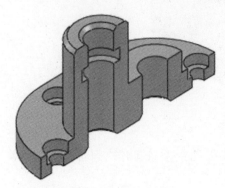

图 12.3　泵盖的剖面视图

为主视图，向下拖放，得到俯视图，向左上拖放，得到等轴测图，如图 12.4 所示。

保存工程图文件，名称"泵盖"。

从图 12.4 中可以看出，在零件界面下，模型显示剖面视图，而工程图并没有按剖切生成，说明零件不是真的被切开了。

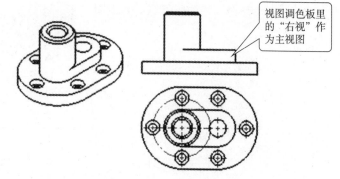

视图调色板里的"右视"作为主视图

图 12.4 泵盖视图

剖面视图非常适合观察全剖视图剖切，但不太适合观察阶梯剖、旋转剖和局部剖视图的剖切。要观察阶梯剖、旋转剖和局部剖视图的剖切，我们可以利用生成剖切配置的方法来达到目的。

12.2 零件的剖切配置

12.2.1 零件的全剖剖切配置

打开"泵盖"零件文件。

（1）单击特征管理器设计树顶部的配置管理器标签 ，切换到配置管理器，如图 12.5（a）所示。

（2）在配置管理器中，右键单击零件或装配体名称（"泵盖"），然后选择"添加配置"，如图 12.5（b）所示。

(a)

(b)

图 12.5 添加配置

（3）在"添加配置"属性管理器中输入一个配置名称并指定新配置的属性。本例输入"全剖剖切"，如图 12.6（a）所示。

（4）单击"确定" 。"配置管理器"里显示"全剖剖切"配置，如图 12.6（b）所示。

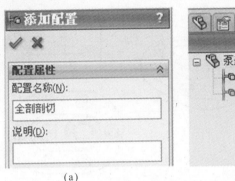

(a)

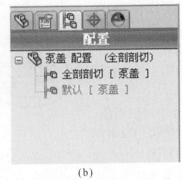

(b)

图 12.6　新建"全剖剖切"配置

（5）单击特征管理器设计树标签 回到特征管理器设计树界面。

（6）按照需要修改模型以生成设计变体。

选择前视基准面作为草图平面，绘制一条直线草图，如图 12.7 所示。

图 12.7　绘制直线草图

单击"特征"选项卡上的"拉伸切除"按钮，系统打开"切除 - 拉伸"属性管理器，模型显示切除预览，如图 12.8 所示。

单击"确定"，得到全剖剖切结果，如图 12.9 所示。

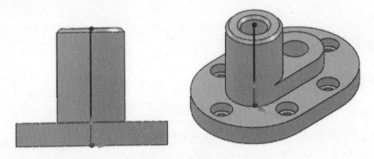

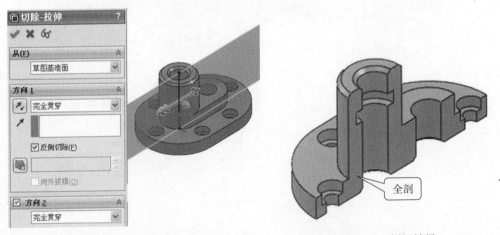

全剖

图 12.8　切除预览

图 12.9　剖切结果

打开"泵盖"工程图文件，如图 12.4 所示。

单击主视图，系统打开"工程图视图 1"属性管理器，如图 12.10（a）所示，现在的"参考配置"是"默认"，单击右侧下拉三角，选择"全剖剖切"配置，如图

12.10（b）所示，图纸上主视图变成剖切后的视图，对泵盖的等轴测图进行同样的操作，结果如图 12.11 所示。

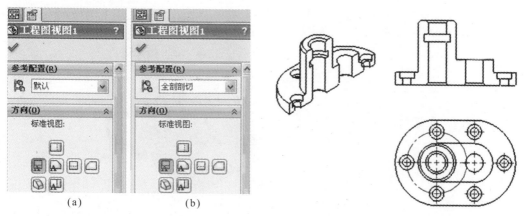

（a）　　　　　　　　（b）

图 12.10　更改参考配置

图 12.11　"全剖剖切"配置的视图

12.2.2　零件的半剖剖切配置

打开"支架"零件文件，如图 12.12 所示。

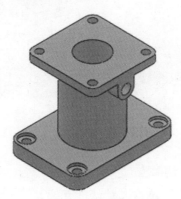

图 12.12　支架模型

1. 新建主视图方向半剖剖切配置

在配置管理器中，右键单击"支架 配置（默认）"，选择"添加配置"，名称"主视图半剖剖切"，返回到特征管理器设计树后，进行如下操作。

（1）选择右视基准面作为草图平面，绘制矩形草图，如图 12.13 所示。

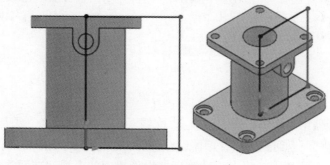

图 12.13　矩形草图

217

（2）单击"特征"选项卡上的"拉伸切除"，系统打开"切除－拉伸"属性管理器，图形区显示预览，如图 12.14 所示。

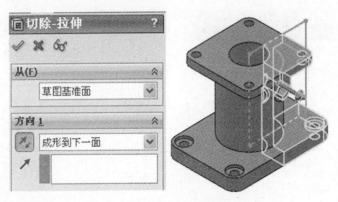

图 12.14　切除预览

（3）单击"确定"，得到半剖剖切，如图 12.15 所示。

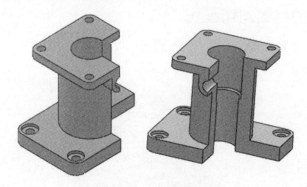

图 12.15　剖切结果

2. 新建俯视图半剖剖切配置

单击"配置管理器"，右键单击"默认（支架）"，选择"显示配置"，如图 12.16（a）所示，"默认"配置又成为当前配置，如图 12.16（b）所示。同时图形区完整的模型重新显示出来，如图 12.12 所示。

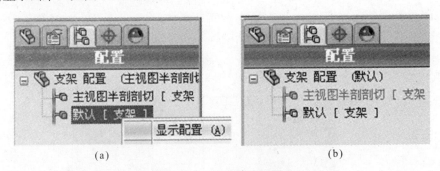

(a)　　　　　　　　　　　　(b)

图 12.16　显示默认配置

在配置管理器中，再右键单击"支架 配置（默认）"，选择"添加配置"，名称为"俯视图半剖剖切"，返回到特征管理器设计树后，进行如下操作。

（1）新建一个基准面，单击特征管理器设计树中的上视基准面，上视基准面显示在绘图区，按住 Ctrl 键的同时单击绘图区里的上视基准面，向上拖动，在"基准面"属性管理器里输入距离 55，这样基准面就通过小凸台孔的中心，如图 12.17 所示。单击"确定"得到基准面 1，如图 12.18 所示。

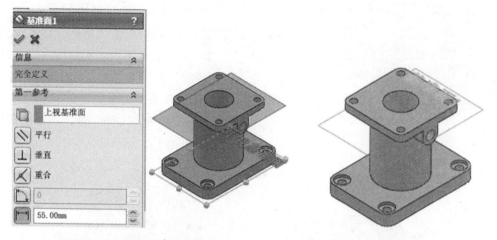

图 12.17　新建通过凸台孔的基准面　　　　图 12.18　基准面 1

（2）选择基准面 1 作为草图平面，绘制草图，如图 12.19 所示。

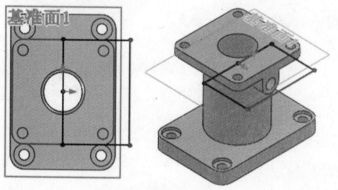

图 12.19　草　图

（3）单击"特征"选项卡上的"拉伸切除"，"切除–拉伸"属性管理器和切除预览如图 12.20 所示。

（4）单击"确定"，得到俯视图剖切结果，如图 12.21 所示。

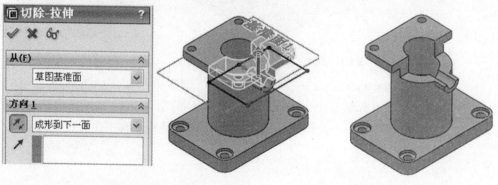

图 12.20　切除预览　　　　　　　　　图 12.21　剖切结果

12.2.3 零件的局部剖剖切配置

打开"箱体"零件文件,如图 12.22 所示。

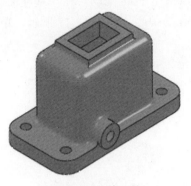

图 12.22 箱 体

1. 新建主视图方向局部剖剖切配置

在配置管理器中,右键单击"箱体配置",选择"添加配置",名称为"主视图局部剖剖切",返回到特征管理器设计树后,进行如下操作。

(1)选择右视基准面作为草图平面,单击"正视于",单击"草图"选项卡上的"样条曲线"按钮 $\sim$,绘制草图,如图 12.23 所示。

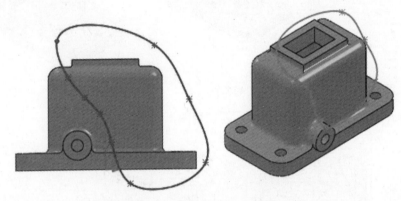

图 12.23 样条曲线画草图

(2)单击"特征"选项卡上的"拉伸切除"按钮,"切除-拉伸"属性管理器和切除预览如图 12.24 所示。

(3)单击"确定",得到切除结果,如图 12.25 所示。

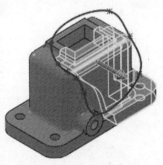

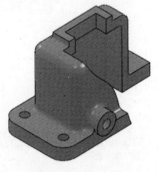

图 12.24 切除预览   图 12.25 剖切结果

(4)新建一个基准面 2,平行于右视基准面,距离为 12,如图 12.26 所示。

(5)选择基准面 2 作为草图平面,绘制样条曲线草图,如图 12.27 所示。绘图时,可以调整模型的显示样式为"隐藏线可见",这样可以清楚地观察小孔的虚线。

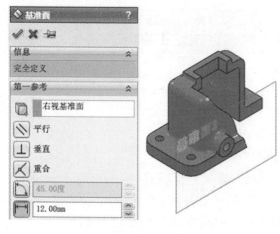

图 12.26 基准面 2

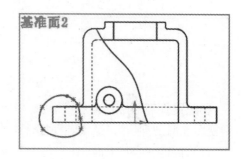

图 12.27 绘制草图

（6）单击"特征"选项卡上的"拉伸切除"按钮，"切除–拉伸"属性管理器和切除预览如图 12.28 所示。

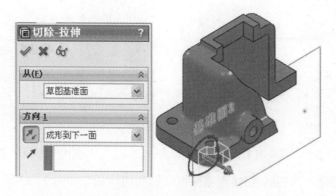

图 12.28 切除预览

（7）单击"确定"，得到剖切结果，如图 12.29 所示。

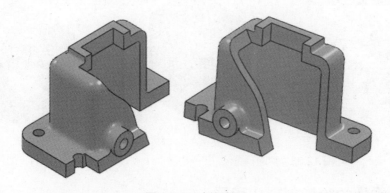

图 12.29 剖切结果

2. 新建俯视图方向局部剖剖切配置

单击"配置管理器"，右键单击"默认（箱体）"，选择"显示配置"，如图 12.30（a）所示，"默认"配置又成为当前配置，如图 12.30（b）所示。同时图形区完整的模型重新显示出来，如图 12.22 所示。

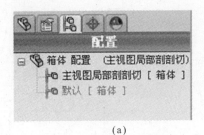

(a)

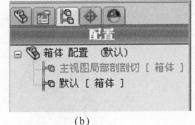

(b)

图 12.30　显示默认配置

在配置管理器中，再右键单击"箱体 配置（默认）"，选择"添加配置"，名称为"俯视图局部剖剖切"，返回到特征管理器设计树后，进行如下操作。

（1）新建一个基准面 3，平行于上视基准面，距离为 10，如图 12.31 所示。

（2）选择基准面 3 作为草图平面，绘制样条曲线草图，如图 12.32 所示。

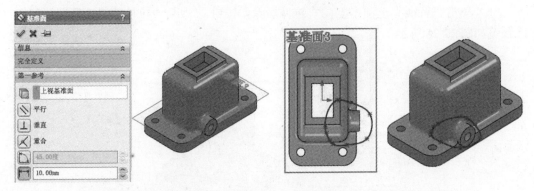

图 12.31　基准面 3　　　　　　　　　　　　　　图 12.32　草　图

（3）拉伸切除，"切除–拉伸"属性管理器和切除预览如图 12.33 所示。

（4）单击"确定"后，得到剖切结果，如图 12.34 所示。

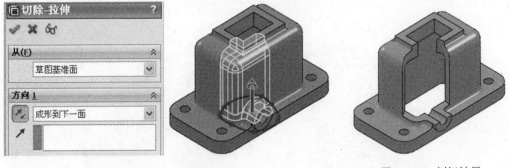

图 12.33　切除预览　　　　　　　　　　　　　图 12.34　剖切结果

12.2.4　零件的阶梯剖剖切配置

打开"阶梯剖零件"零件文件，如图 12.35 所示。

在配置管理器中，右键单击"阶梯剖剖切 配置"，选择"添加配置"，名称为"阶梯剖剖切"，返回到特征管理器设计树后，进行如下操作。

（1）选择上视基准面作为草图平面，绘制草图，如图 12.36 所示。

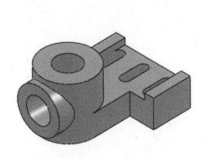

图 12.35　阶梯剖零件

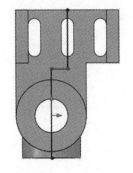

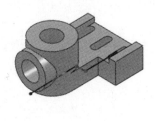

图 12.36　草　图

（2）单击"特征"选项卡上的"拉伸切除"，"切除－拉伸"属性管理器和切除预览如图 12.37 所示。

单击"确定"，得到阶梯剖剖切结果，如图 12.38 所示。

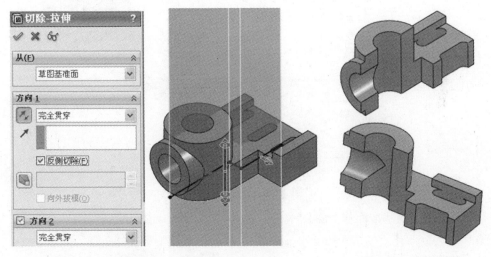

图 12.37　切除预览

图 12.38　剖切结果

12.2.5　零件的旋转剖剖切配置

打开"旋转剖零件"零件文件，如图 12.39 所示。

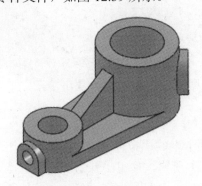

图 12.39　旋转剖零件

在配置管理器中，右键单击"旋转剖零件 配置"，选择"添加配置"，名称为"旋转剖剖切"，返回到特征管理器设计树后，进行如下操作。

（1）在特征管理器上压缩零件右端凸台和孔，如图 12.40（a）所示，模型上凸台和孔消失，如图 12.40（b）所示。

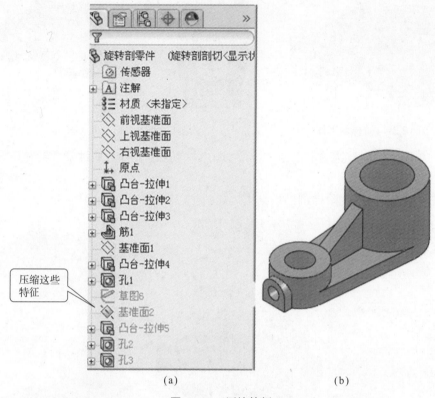

（a）　　　　　　　　　　（b）

图 12.40　压缩特征

（2）选择前视基准面作为草图平面，使用"直槽口"命令绘制草图，如图 12.41所示。

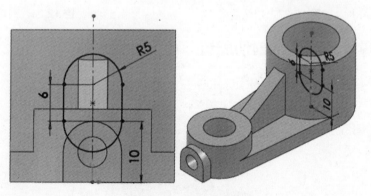

图 12.41　槽口草图

（3）单击"特征"选项卡上的"拉伸凸台/基体"按钮，系统打开"凸台-拉伸"属性管理器，如图 12.42（a）所示。这里"开始条件"选择下拉列表里的"等距"，等距值输入 17，"终止条件"选择"成形到下一面"。预览如图 12.42（b）所示。

单击"确定"，得到拉伸凸台，如图 12.43 所示。

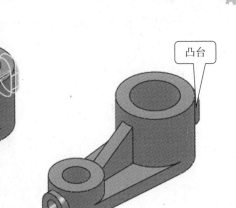

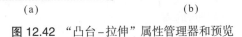

（a）

图 12.42　"凸台–拉伸"属性管理器和预览　　　　图 12.43　生成凸台

（4）使用"简单直孔"生成凸台上的小孔，如图 12.44 所示。

（5）选择上视基准面作为草图平面，绘制草图，如图 12.45 所示。

（6）使用拉伸切除，得到剖切结果，如图 12.46 所示。

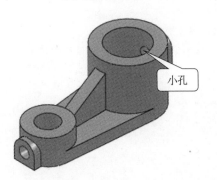

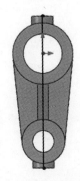

图 12.44　生成小孔　　　　　图 12.45　绘制草图　　　　　图 12.46　剖切结果

 思考与练习

1. 为图 12.47 所示机件添加全剖视图配置。

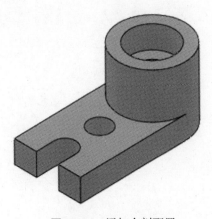

图 12.47　添加全剖配置

2. 为图 12.48 所示机件添加主视图和俯视图的局部剖视图配置。

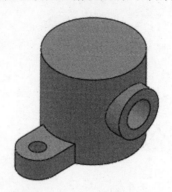

图 12.48 添加局部剖配置

第13章

典型零件建模

13.1 轴类零件建模

轴是机器中的重要零件之一，用来支持旋转的机械零件，如齿轮、带轮等。其基本形状是同轴回转体，零件上常有键槽、退刀槽、螺纹、倒角、倒圆等结构。

【例13.1】 创建如图13.1所示的轴零件。

本例的轴主要运用了旋转、拉伸切除、倒角等命令，零件的特征管理器设计树如图13.2所示。

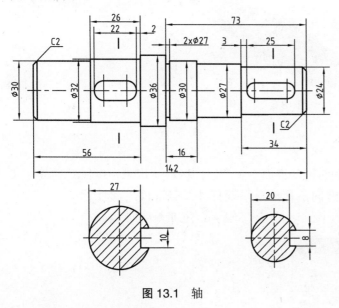

图 13.1 轴

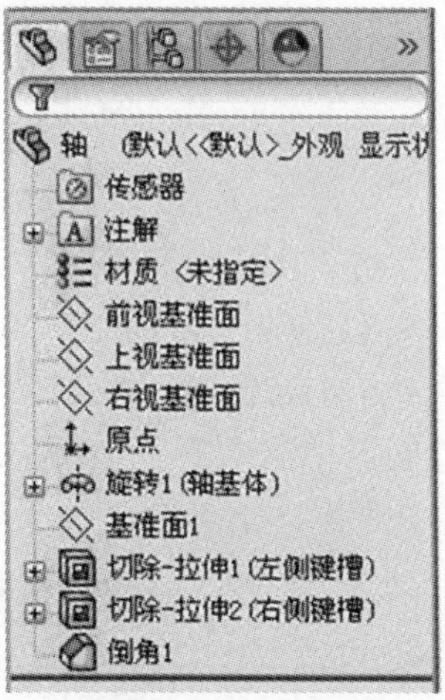

图 13.2 轴的特征管理器设计树

新建一个零件文件。

（1）选择右视基准面作为草图平面，绘制草图，如图13.3所示。标注尺寸如图13.4所示。

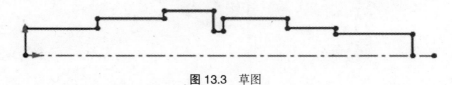

图 13.3 草图

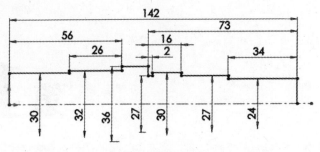

图13.4 标注尺寸

（2）单击"特征"选项卡上的"旋转凸台/基体"按钮，这时系统提示是否自动封闭草图，如图13.5所示，单击"是"即可。中心线自动成为旋转轴，旋转生成轴基体，如图13.6所示。

图13.5 系统提示自动封闭草图

图13.6 轴基体

（3）生成左侧键槽。

① 新建一个基准面1。

单击特征管理器设计树上的右视基准面，它在绘图区显示出来，按住Ctrl键，在绘图区单击右视基准面边线，并向前拖动，系统打开"基准面"属性管理器，如图13.7所示，距离输入16（此段轴半径），单击"确定"，生成基准面1。

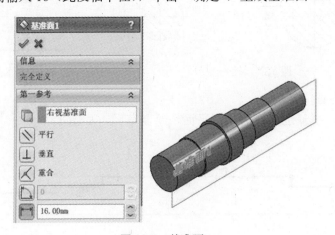

图13.7 基准面1

② 选择基准面 1 作为草图平面，使用"直槽口"绘制键槽草图，如图 13.8 所示。

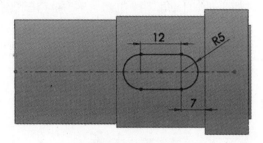

图 13.8　左侧键槽草图

③ 单击"特征"选项卡上的"拉伸切除"，系统打开"切除－拉伸"属性管理器，并显示预览，如图 13.9 所示。单击"确定"，生成键槽，如图 13.10 所示。

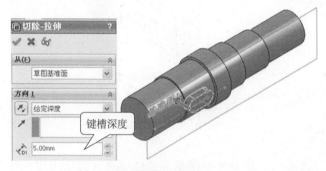

图 13.9　键槽预览

图 13.10　生成键槽

（4）生成右侧键槽。

① 选择右视基准面作为草图平面，使用"直槽口"命令绘制键槽草图，如图 13.11 所示。

② 单击"特征"选项卡上的"拉伸切除"按钮，系统打开"切除－拉伸"属性管理器，这里"开始条件"选择"等距"，等距距离取 8（键槽底部距轴线的距离），"终止条件"选择"成形到下一面"，图形区显示切除预览，如图 13.12 所示。单击"确定"，生成键槽，如图 13.13 所示。

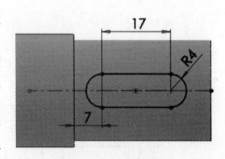

图 13.11　键槽草图

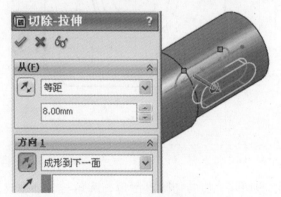

图 13.12　键槽预览

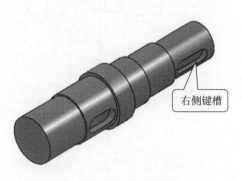

图 13.13　生成右侧键槽

（5）生成倒角。

单击"特征"工具栏上的"倒角"按钮，系统打开"倒角"属性管理器。在"倒角类型"中选择"角度距离"，距离输入2，角度输入45°。在图形区中选择轴两端的边线"圆"，如图13.14所示。单击"确定"，生成倒角。结果如图13.15所示。

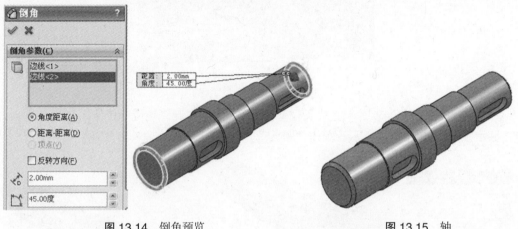

图13.14 倒角预览　　　　　　　　　　　　图13.15 轴

13.2 盘盖类零件建模

这类零件主要有手轮、带轮、端盖等，其主要形状是由共轴线的回转体组成。这类零件一般轴向尺寸较小，径向尺寸较大，有较多的螺孔、均布孔、销孔、键槽、轮辐等结构。

【例13.2】 创建如图13.16所示的阀盖零件。

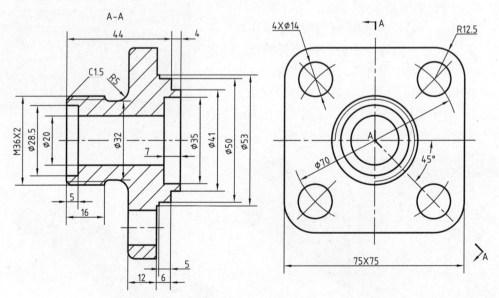

图13.16 阀 盖

本例阀盖运用了拉伸凸台/基体、拉伸切除、旋转切除、倒角、圆角、装饰螺纹线等特征，零件的特征管理器设计树如图13.17所示。

图 13.17　阀盖的特征管理器设计树

新建一个零件文件。

（1）选择前视基准面作为草图平面，使用"中心矩形"命令绘制矩形草图，然后绘制圆角和圆，标注尺寸，如图 13.18 所示。

（2）拉伸生成板，厚度为 12，如图 13.19 所示。

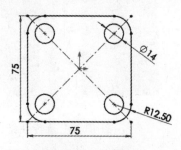

图 13.18　绘制草图

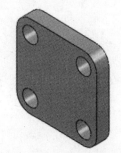

图 13.19　拉伸生成板

（3）选择板左端面作为草图平面，绘制圆草图，如图 13.20（a）所示。然后，拉伸生成圆柱，深度为 26，如图 13.20（b）所示。

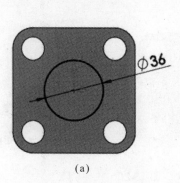

（a）

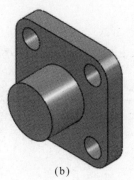

（b）

图 13.20　拉伸圆柱

（4）选择右视基准面作为草图平面，绘制草图，如图 13.21（a）所示，然后旋转切除生成槽，如图 13.21（b）所示。

（5）选择板右端面作为草图平面，绘制圆草图，如图 13.22（a）所示。然后，拉伸生成圆柱，深度为 10，如图 13.22（b）所示。

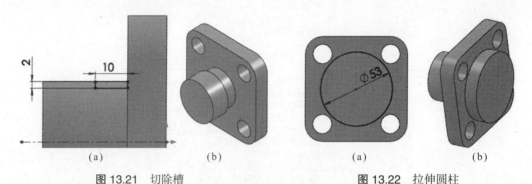

图 13.21　切除槽　　　　　　　　　图 13.22　拉伸圆柱

（6）选择右视基准面作为草图平面，绘制草图，如图 13.23（a）所示，然后旋转切除，如图 13.23（b）所示。

（7）选择右视基准面作为草图平面，绘制草图，如图 13.24（a）所示，然后旋转切除，如图 13.24（b）所示。

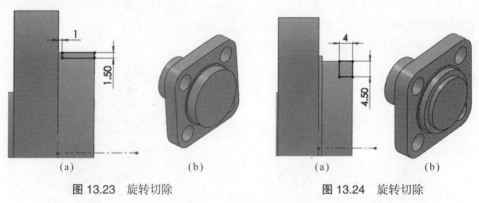

图 13.23　旋转切除　　　　　　　　图 13.24　旋转切除

（8）使用"简单直孔"命令生成孔，直径为 20，如图 13.25 所示。

（9）选择左侧圆柱的左端面作为草图平面，绘制圆草图，拉伸切除，深度为 5，如图 13.26 所示。

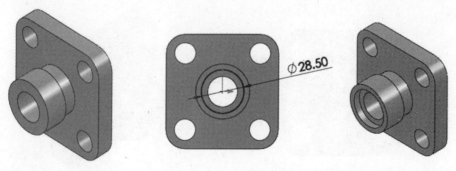

图 13.25　简单直孔　　　　　　　　图 13.26　拉伸切除

（10）选择右侧圆柱的右端面作为草图平面，绘制圆草图，拉伸切除，深度为7，如图 13.27 所示。

（11）生成圆角，生成三处圆角特征，半径分别为 5 和 2，如图 13.28 所示。

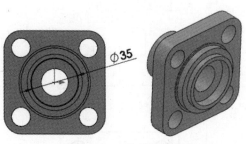

图 13.27　拉伸切除

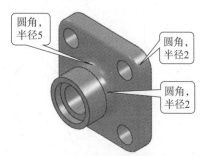

图 13.28　生成圆角

（12）生成倒角，距离为 1.5，如图 13.29 所示。

（13）为左侧圆柱部分添加"装饰螺纹线"。

单击菜单"插入"＞"注解"＞"装饰螺纹线"，系统打开"装饰螺纹线"属性管理器，各项设定如图 13.30 所示。单击"确定"，得到阀盖零件模型，如图 13.31 所示。

图 13.29　生成倒角

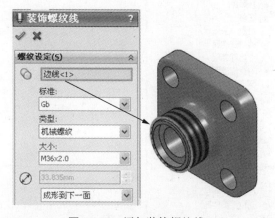

图 13.30　添加装饰螺纹线

图 13.31　阀　盖

13.3　叉架类零件建模

叉架类零件主要起连接、拨动、支撑等作用，包括拨叉、连杆、支架等。拨叉主要用在机床、内燃机的操纵机构上，操纵机器、调节速度。支架主要起支撑和连接的作用。这类零件形式多样、结构复杂，一般由支撑、工作和连接三部分组成，一般具有肋、板、杆、筒、座及铸造圆角、拔模斜度、凸台、凹坑等。

【例 13.3】　创建如图 13.32 所示的脚踏座零件。

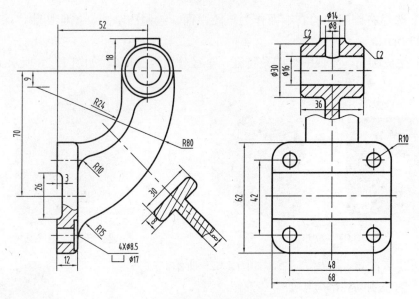

图 13.32　脚踏座

　　本例的脚踏座主要运用了拉伸凸台 / 基体、拉伸切除、异型孔向导、筋、简单直孔、倒角、圆角等特征，零件的特征管理器设计树如图 13.33 所示。

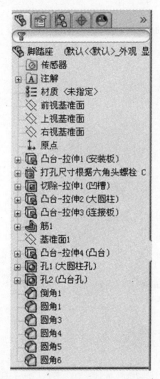

图 13.33　脚踏座的特征管理器设计树

新建一个零件文件。

（1）生成安装板。

选择右视基准面作为草图平面，绘制草图，拉伸生成安装板，厚度为 12，如图 13.34 所示。

234

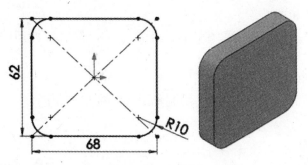

图 13.34　安装板

（2）生成安装孔（锪平孔）。

单击"特征"选项卡上中的"异型孔向导"按钮，在"孔规格"属性管理器中，选择"柱形沉头孔"，然后对参数进行设置，"终止条件"选择"完全贯穿"，如图 13.35 所示。设置好后，单击"位置"选项卡，在绘图区选择安装板右端面，然后捕捉R10 的圆心并单击，作为孔的放置位置。单击"确定"按钮，完成异型孔特征的创建，如图 13.36 所示。

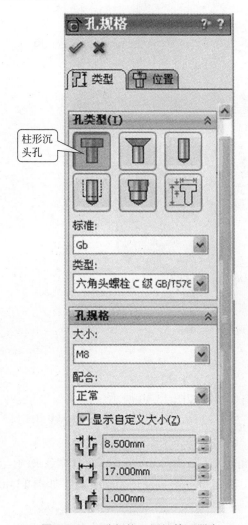

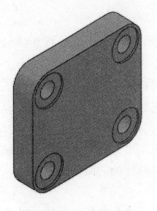

图 13.35　"孔规格"属性管理器中　　　　图 13.36　生成锪平孔

（3）生成安装板凹槽。

选择安装板左端面作为草图平面，绘制草图，然后拉伸切除，生成凹槽，如图 13.37 所示。

（4）生成脚踏座工作圆柱部分。

选择前视基准面作为草图平面，绘制草图，如图 13.38 所示。

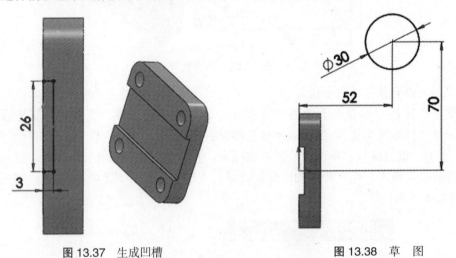

图 13.37 生成凹槽   图 13.38 草 图

拉伸生成圆柱，如图 13.39 所示。

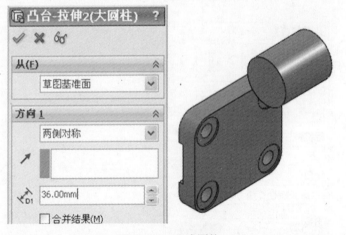

图 13.39 生成圆柱

（5）创建脚踏座连接板部分。

① 生成连接板。

选择前视基准面作为草图平面，绘制草图，如图 13.40 所示。

先绘制直线和圆弧，直线与圆柱边线相切，圆弧与安装板边线相切，如图 13.40（a）所示。

使用"等距实体"绘制另一条直线和圆弧，距离为 8，如图 13.40（b）所示。

对圆柱的边线使用"转换实体引用"得到圆，安装板一端画直线，如图 13.40（c）所示。

剪裁多余线条，标注尺寸为 8，得到连接板截面草图，如图 13.40（d）所示。

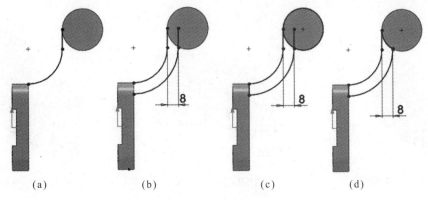

图 13.40　连接板草图

　　单击"拉伸凸台/基体"按钮，终止条件选择"两侧对称"，深度为30，生成连接板，如图 13.41 所示。

　　② 生成筋。

　　选择前视基准面作为草图平面，绘制筋的草图，如图 13.42 所示。

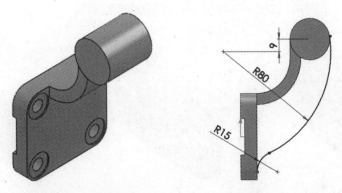

图 13.41　生成连接板　　　　图 13.42　筋的草图

　　单击"筋"按钮，属性管理器和生成的筋如图 13.43 所示。

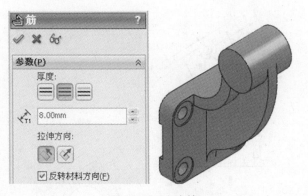

图 13.43　生成筋

　　（6）生成圆柱上的小圆柱凸台。

　　新建一个基准面 1，距离上视基准面 88，如图 13.44 所示。

　　在基准面 1 上绘制凸台草图，如图 13.45 所示。

　　拉伸生成圆柱凸台，如图 13.46 所示。

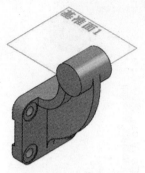

图 13.44　基准面 1

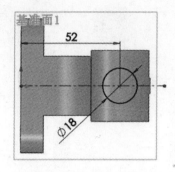

图 13.45　凸台草图

图 13.46　生成凸台

（7）生成两个圆柱孔。

使用"简单直孔"，在大圆柱和凸台上分别生成孔，直径分别为 16 和 8，如图 13.47 所示。

（8）生成倒角。

为大圆柱两侧添加倒角，距离为 2，如图 13.48 所示。

（9）添加多个圆角，如图 13.49 所示，完成脚踏座模型。

图 13.47　生成孔

图 13.48　添加倒角

图 13.49　脚踏座

【例 13.4】 创建如图 13.50 所示的弯管零件。

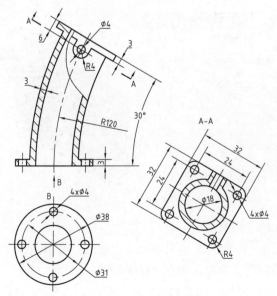

图 13.50　弯管零件图

本例的弯管主要运用了拉伸凸台／基体、基准面、扫描、扫描切除、简单直孔等
特征，零件的特征管理器设计树如图 13.51 所示。

图 13.51　弯管特征管理器设计树

新建一个零件文件。

（1）选择上视基准面作为草图平面，绘制草图，其中 4 个小圆使用"圆周草图阵
列"生成，然后拉伸生成底板，厚度为 3，如图 13.52 所示。

（2）选择右视基准面作为草图平面，绘制草图，如图 13.53 所示。它既是新建基准
面的参考，又是以后扫描的路径。

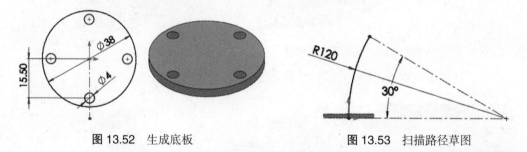

图 13.52　生成底板　　　　　　　　　　　　图 13.53　扫描路径草图

（3）新建一个基准面 1，它的属性管理器和预览如图 13.54 所示。生成的基准面如
图 13.55 所示。

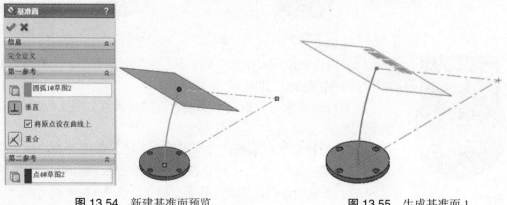

图 13.54　新建基准面预览　　　　　　　　　图 13.55　生成基准面 1

（4）选择基准面1作为草图平面，绘制草图，拉伸生成方形顶板，厚度为3，如图13.56所示。

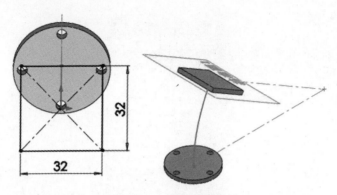

图13.56 生成方形顶板

（5）为方形顶板添加圆角和圆孔，圆角半径为4，圆孔直径为4，如图13.57所示。其中圆孔可以用线性阵列生成。

（6）选择底板底面作为草图平面，绘制圆草图，它作为扫描弯管外壁的轮廓，如图13.58所示。

图13.57 顶板圆角和圆孔

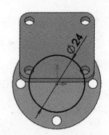

图13.58 圆草图

（7）扫描生成弯管外壁，如图13.59所示。结果如图13.60所示。

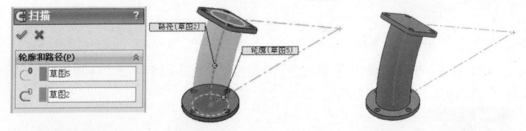

图13.59 扫描弯管外壁

图13.60 生成弯管外壁

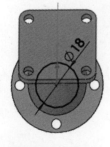

（8）选择底板底面作为草图平面，绘制圆草图，它作为扫描切除弯管内孔的轮廓，如图13.61所示。

（9）扫描切除弯管内孔，属性管理器和预览如图13.62所示。结果如图13.63所示。

（10）选择顶板前端面作为草图平面，绘制草图，并拉伸生成小凸台，如图13.64所示。"终止条件"选择"成形到下一面"。

（11）生成凸台孔，完成弯管模型建立，如图13.65所示。

图13.61 圆草图

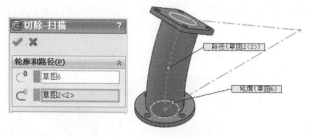

图 13.62 扫描切除预览

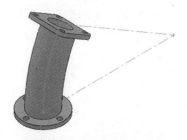

图 13.63 生成弯管内孔

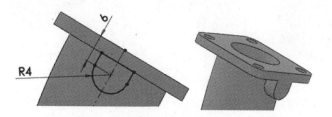

图 13.64 生成凸台

图 13.65 弯管模型

13.4 箱体类零件建模

箱体类零件多为铸造件，包括各种箱体、外壳、座体等。一般可起支撑、容纳、定位和密封等作用。箱壳类零件大致由以下几个部分构成：容纳运动零件和储存润滑液的内腔，由厚薄较均匀的壁部组成；其上有支撑和安装运动零件的孔及安装端盖的凸台（或凹坑）、螺孔等；将箱体固定在机座上的安装底板及安装孔；加强筋、润滑油孔、油槽、放油螺孔等。

图 13.66 箱 体

【例 13.5】 创建如图 13.66 所示的蜗轮壳体零件。

新建一个零件文件。

1. 生成中间 U 形柱体部分

（1）选择前视基准面作为草图平面，绘制草图，两侧对称拉伸，厚度为 32，如图 13.67 所示。

（2）单击"特征"选项卡上的"抽壳"按钮，生成空腔，如图 13.68 所示。

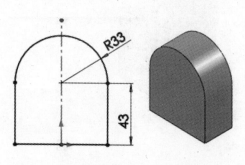

图 13.67 生成 U 形柱体

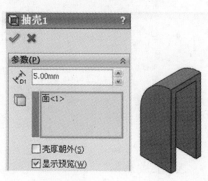

图 13.68 抽壳形成空腔

（3）生成左侧圆柱。选择 U 形柱体的左端面作为草图平面，绘制草图，然后拉伸，深度为 4，如图 13.69 所示。

（4）使用"简单直孔"，生成左侧圆柱孔，直径为 48，如图 13.70 所示。

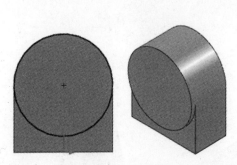

图 13.69　生成左侧圆柱

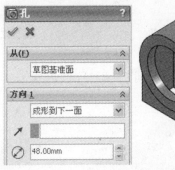

图 13.70　生成孔

（5）使用"异型孔向导"生成螺纹孔，孔规格如图 13.71 所示，孔位置如图 13.72 所示。

（6）圆周阵列螺纹孔，如图 13.73 所示。

图 13.71　螺纹孔规格

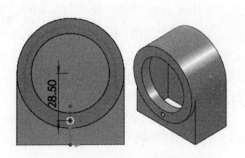

图 13.72　螺纹孔位置

图 13.73　圆柱阵列螺纹孔

2．生成底板

（1）选择上视基准面作为草图平面，绘制草图，拉伸生成底板，如图 13.74 所示。

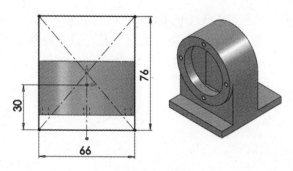

图 13.74　生成底板

（2）选择底板底面作为草图平面，绘制凸台草图，如图 13.75 所示。

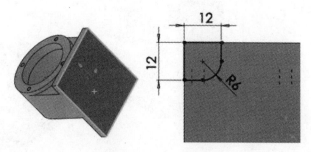

图 13.75　凸台草图

（3）拉伸生成凸台，深度为 2，如图 13.76 所示。

（4）生成圆角，半径为 6，如图 13.77 所示。

（5）使用"异型孔向导"生成锪平孔，孔规格如图 13.78 所示，位置选择底板圆角的圆心，如图 13.79 所示。

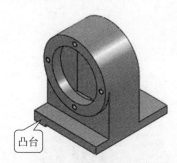

图 13.76　生成凸台

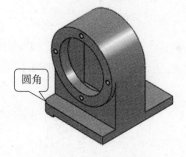

图 13.77　生成圆角

图 13.78　锪平孔规格

图 13.79　生成锪平孔

（6）为镜向底板凸台和锪平孔生成基准面 1，如图 13.80 所示。

（7）以基准面 1 为镜向面，左右镜向凸台和孔，以右视基准面为镜向面，前后镜向凸台和孔，并添加圆角（圆角不能镜向），如图 13.81 所示。

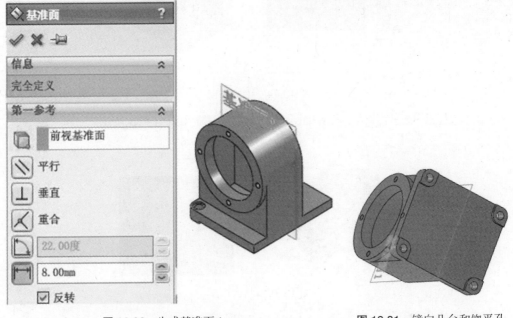

图 13.80　生成基准面 1　　　　　　　　图 13.81　镜向凸台和锪平孔

3. 生成空腔内、外凸台

（1）选择空腔后壁作为草图平面，绘制草图，拉伸生成凸台，深度为 13，如图 13.82 所示。

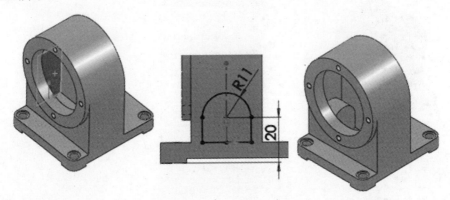

图 13.82　生成空腔内凸台

（2）选择如图 13.83 所示平面作为草图平面，绘制草图，为方便捕捉空腔内的凸台圆心，将模型调整为"隐藏线可见"显示。然后拉伸生成凸台，深度为 2，如图 13.84 所示。

（3）使用"简单直孔"生成凸台孔，"终止条件"选择"成形到下一面"，直径为 10，如图 13.85 所示。

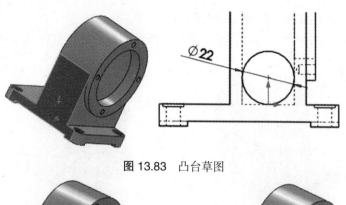

图 13.83　凸台草图

图 13.84　生成凸台

图 13.85　凸台孔

4. 生成凸台上的螺纹孔

（1）使用"异型孔向导"生成螺纹孔，孔规格和位置如图 13.86 所示。生成的螺纹孔如图 13.87 所示。

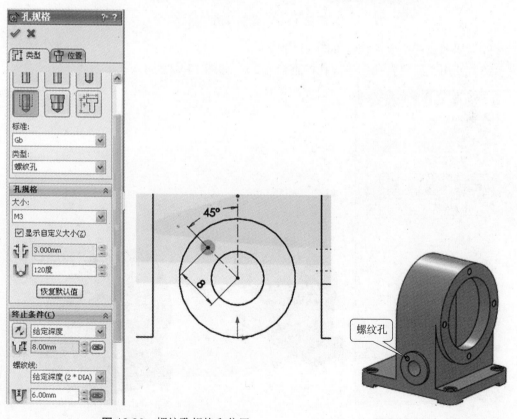

图 13.86　螺纹孔规格和位置

图 13.87　生成螺纹孔

（2）圆周阵列螺纹孔，如图 13.88 所示。

（3）以右视基准面为镜向面，镜向内、外凸台和螺纹孔，如图 13.89 所示。

图 13.88　圆周阵列螺纹孔　　　　图 13.89　镜向凸台和螺纹孔

5. 生成右侧圆柱

（1）选择如图 13.90 所示平面作为草图平面，绘制草图。

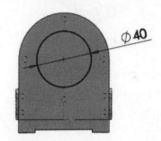

图 13.90　绘制草图

（2）双向拉伸生成圆柱，如图 13.91 所示。

（3）使用"简单直孔"生成孔，直径为 25，如图 13.92 所示。

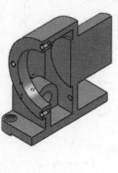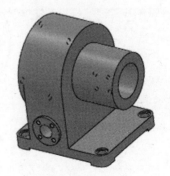

图 13.91　双向拉伸圆柱　　　　　　　　　图 13.92　生成孔

6. 生成油孔凸台

（1）生成基准面 2，如图 13.93 所示。

（2）选择基准面 2 作为草图平面，绘制圆草图，选择"成形到下一面"拉伸生成凸台，如图 13.94 所示。

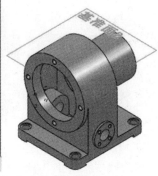
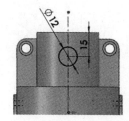

图 13.93　生成基准面 2　　　　　　　　　图 13.94　生成油孔凸台

（3）生成凸台孔，如图 13.95 所示。

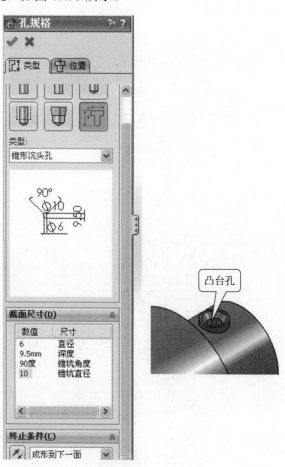

图 13.95　生成凸台孔

7. 生成筋

选择右视基准面作为草图平面，绘制草图，然后生成筋特征，筋的厚度为 12，如图 13.96 所示。

8. 添加倒角

添加倒角 C2，如图 13.97 所示。

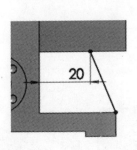

图 13.96　生成筋

图 13.97　添加倒角

9. 添加多个圆角

添加多个圆角，最后结果如图 13.66 所示。保存零件，名称"蜗轮壳体"。它的特征管理器设计树如图 13.98 所示。

图 13.98　蜗轮壳体的特征管理器设计树

思考与练习

1. 根据图 13.99 所示零件图创建芯杆零件。

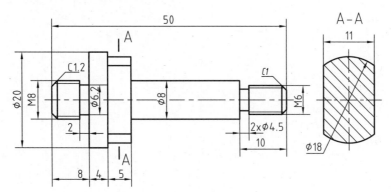

图 13.99　芯　杆

2. 根据图 13.100 所示零件图创建阀体零件。

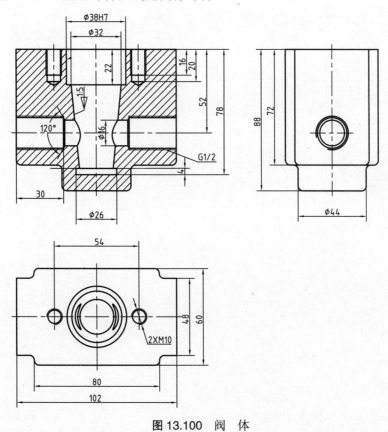

图 13.100　阀　体

第**14**章

工程视图

零件或装配体的模型建立以后，可以根据需要生成它的工程图。零件、装配体和工程图是互相链接的文件，对零件或装配体所做的任何更改会导致工程图文件的相应变更。

在前面几章我们已经建立过一些零件的三视图，本章系统地介绍各种视图和剖视图的生成方法。

14.1 进入工程图界面的两种方法

14.1.1 从新建"工程图"文件开始进入工程图界面

从新建"工程图"文件开始进入工程图界面的步骤如下：

（1）单击标准工具栏上的"新建"按钮，或单击菜单"文件">"新建"。

（2）在"新建 SolidWorks 文件"对话框中选择"工程图"按钮，然后单击"确定"。

（3）系统打开"图纸格式／大小"对话框，选择好图纸后单击"确定"。

（4）系统首先打开"模型视图"属性管理器的"打开文档"选项，如果有零件或装配体模型在打开状态，它们的名称会显示在"打开文档"下的文本框里，双击某一文档即可。或单击"浏览"去打开其他的零件或装配体文件。

（5）选择模型文件后，系统打开"模型视图"属性管理器，在其中设定各选项，然后将视图放置在图形区域中。

14.1.2 在零件或装配体文件界面进入工程图界面

在零件或装配体文件界面下，进入工程图界面的步骤如下：

（1）在零件或装配体文档中单击"标准工具栏"上的"从零件／装配体制作工程图"。

（2）系统打开"图纸格式／大小"对话框，选择好图纸后单击"确定"。

（3）系统在图形区右侧打开"视图调色板"。单击其右上角的 图标可以钉住调色板。

（4）从调色板拖动视图到图纸。

（5）在"工程视图"或"投影视图"属性管理器中设置选项，如视向、显示样式、比例等，然后单击"确定"。

（6）重复步骤（4）和（5）来添加视图。

注意：零件或装配体在生成其关联的工程图之前必须进行保存。

14.1.3 "视图布局"选项卡和"工程图"工具栏

进入工程图界面后，系统显示"视图布局"选项卡，如图 14.1 所示。同时系统在左侧显示"工程图"工具栏，横放的"工程图"工具栏如图 14.2 所示，使用它们可以生成各种视图。

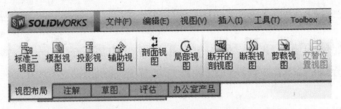

图 14.1 "视图布局"选项卡

图 14.2 "工程图"工具栏

14.2 视 图

视图可以分为标准视图和派生视图。标准视图是从模型生成的，包括模型视图、标准三视图等。派生视图是由其他视图派生的，包括：投影视图、辅助视图、相对视图、局部视图、剪裁视图、断裂视图等。

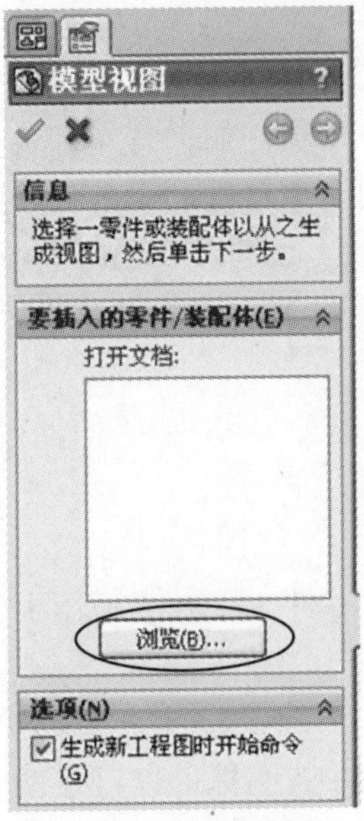

14.2.1 标准视图

1. 模型视图

模型视图是根据预定义的视图方向生成单一视图。

当从"新建"文件进入工程图界面时，在选择了图纸后，系统自动进入生成"模型视图"状态，如图 14.3 所示。如果"打开文档"文本框里没有文件名称，单击"浏览"打开需要的文件。

当从"从零件/装配体制作工程图"进入工程图界面时，单击"视图布局"选项卡上的或"工程图"工具栏上的"模型视图"按钮，系统也会进入生成"模型视图"状态。

【例 14.1】 利用"模型视图"生成例 11.1 模型的三视图。

从"新建"文件开始建立一个工程图文件，选择"A4（GB）"图纸后系统打开如图 14.3 所示"模型视图"的"打开文档"选项。

图 14.3 "模型视图"
打开文档选项

　　单击"浏览",选择"例 11.1"零件文件,系统打开"模型视图"属性管理器,如图 14.4 所示。

　　勾选"预览",显示样式选择"隐藏线可见",单击标准视图里的"右视"。在图纸区域单击,放置视图。系统打开"投影视图"属性管理器,如图 14.5 所示。向右拖放单击放置左视图,向下拖放单击放置俯视图,如图 14.6 所示。

图 14.4 "模型视图"属性管理器

图 14.5 "投影视图"属性管理器

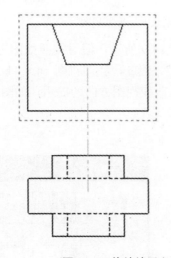

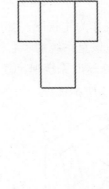

图 14.6 拖放放置左视图和俯视图

保存工程图文件,文件名称为"例 11.1"。

图14.7 "标准三视图"
打开文档选项

2. 标准三视图

标准三视图可以为模型同时生成3个默认正交视图，即主视图、俯视图和左视图。系统默认的主视图是模型的"前视"视图，俯视图和左视图分别是模型在相应位置的投影视图。

【例14.2】 创建例11.2模型的标准三视图。

从"新建"文件开始建立一个工程图文件，选择"A4（GB）"图纸后系统打开如图14.3所示"模型视图"的"打开文档"选项。这时单击"视图布局"选项卡上的或"工程图"工具栏上的"标准三视图"按钮，系统打开"标准三视图"的"打开文档"选项，如图14.7所示。

单击"浏览"，打开"例11.2"零件文件，图纸上自动生成系统默认的标准三视图，如图14.8（a）所示。单击主视图，在打开的"工程图视图"属性管理器中，将显示样式选择为"隐藏线可见"，三视图转变为如图14.8（b）所示的样式。

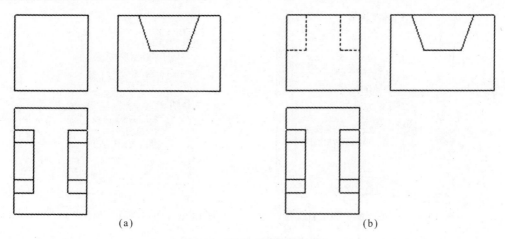

（a）   （b）

图14.8 默认的标准三视图

系统默认将前视作为主视图，如图14.9所示，但对按照如图14.9所示放置的模型，我国的主视图应该是系统的"右视"，因此，我们将图14.8（b）的主视图改为标准视图里的"右视"，这时系统弹出确认改变视图方向的提示，如图14.10所示。选择"是"，结果如图14.11所示。

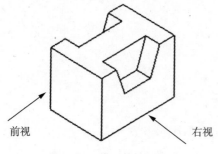

图14.9 模型等轴测图

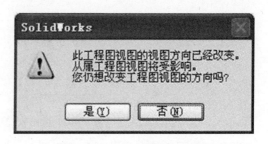

图14.10 改变视图方向提示

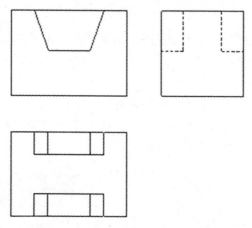

图 14.11 符合国家标准的标准三视图

保存工程图文件，文件名称为"例 11.2"。

14.2.2 派生视图

派生视图是指从标准三视图、模型视图或其他派生视图中派生出来的视图。

1. 投影视图

投影视图是根据已有视图（模型视图、标准三视图、投影视图），通过正交投影生成的视图。

【例 14.3】 根据图 14.6 所示三视图，使用"投影视图"生成零件的等轴测图。

打开工程图文件"例 11.1"，如图 14.6 所示。

单击"视图布局"选项卡上的或"工程图"工具栏上的"投影视图"按钮，系统显示"投影视图"信息，如图 14.12 所示。在图纸区域单击主视图作为投影所用的工程视图，向左上方向拖动鼠标，显示等轴测图，如图 14.13 所示，在打开的"投影视图"属性管理器中设置显示样式为"消除隐藏线"，在适当位置单击得到投影视图。

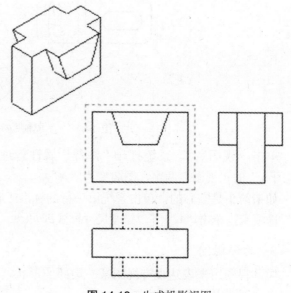

图 14.12 投影视图信息   图 14.13 生成投影视图

2. 辅助视图

辅助视图相当于机械制图中的斜视图，用来表达机件倾斜结构的真实投影。

【例14.4】 根据工程图"弯板"，如图14.14所示，生成一个辅助视图显示右侧弯板部分的实形。

首先生成工程图"弯板"，如图14.14所示。

单击"视图布局"选项卡上的或"工程图"工具栏上的"辅助视图"按钮，系统显示"辅助视图"信息，如图14.15所示。

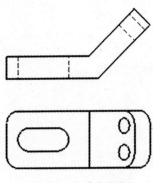

图14.14 弯板视图　　　　　　　　图14.15 辅助视图信息

单击主视图中的边线，如图14.16所示。系统显示辅助视图预览，同时打开"辅助视图"属性管理器，在适当位置单击，得到辅助视图。

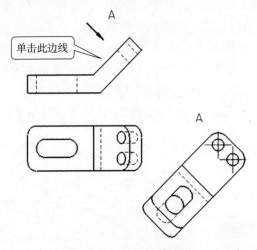

图14.16 生成辅助视图

单击"视图A"，系统打开"注释"属性管理器，勾选"使用手工标号"，删除"视图A"的"视图"两字，图名变为"A"。

如果箭头是空心的，单击系统第一行的标准工具按钮里的"选项"，选择"文档属性"选项卡，单击"尺寸"，修改尺寸样式即可。

3. 局部视图

局部视图用来表达现有视图某一局部的形状，通常用放大的比例来显示。相当于我国机械制图中的局部放大图。

【例14.5】　根据工程图"从动轴",如图14.17所示,生成一个越程槽的局部视图。

首先根据零件文件的"从动轴"生成工程图"从动轴"的主视图,如图14.17所示。

单击"视图布局"选项卡上的或"工程图"工具栏上的"局部视图"按钮,系统显示"局部视图"信息,如图14.18所示。

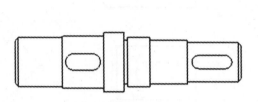

图14.17　从动轴主视图　　　　图14.18　局部视图信息

在从动轴的越程槽附近绘制一个圆,系统显示预览并打开"局部视图"属性管理器,在属性管理器的"比例"选项中选择2∶1,在适当位置单击,得到局部视图。

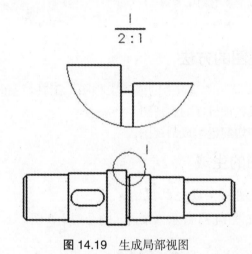

图14.19　生成局部视图

4. 剪裁视图

剪裁视图是在现有视图中剪去不必要的部分,保留所表达部分的内容。使用剪裁视图可以生成机械制图中局部视图或斜视图的波浪线。

【例14.6】　根据工程图"弯板",如图14.16所示,使用"剪裁视图"修改辅助视图使它只显示弯板右侧实形部分(相当于机械制图的斜视图);使用"剪裁视图"修改俯视图使它只显示弯板左侧实形部分(相当于机械制图的局部视图)。

单击"视图布局"选项卡上的或"工程图"工具栏上的"剪裁视图"按钮,系统显示"剪裁视图"信息,如图14.20所示。接下来需要绘制封闭线框。

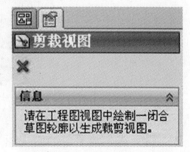

图14.20　"剪裁视图"信息

也可以先使用"样条曲线"命令绘制两个封闭的线框，如图 14.21 所示。单击其中的一条样条曲线，再单击"剪裁视图"按钮，就生成剪裁视图。对另一条样条曲线作同样的操作即可。

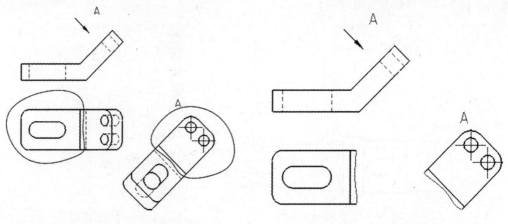

图 14.21　绘制样条曲线封闭线框　　　　　图 14.22　生成剪裁视图

14.3　剖视图

14.3.1　生成剖视图的方法

（1）使用"视图布局"选项卡上的或"工程图"工具栏上的"剖面视图"和"断裂的剖视图"可以生成各种机件的剖视图。

（2）使用机件的剖切配置生成剖视图。

14.3.2　全剖视图的生成

1. 使用"剖面视图"生成全剖视图。

【例 14.7】　生成如图 14.23 所示"泵盖"的全剖主视图。

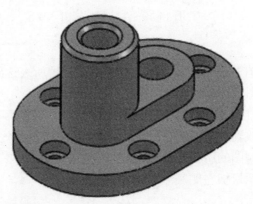

图 14.23　泵　盖

（1）先生成泵盖的俯视图，如图 14.24（a）所示。然后绘制一条通过泵盖前后对称面的中心线，如图 14.24（b）所示。

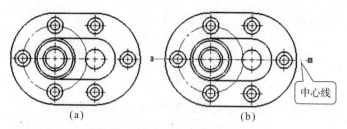

图 14.24　泵盖俯视图

（2）选择绘制的中心线，单击"视图布局"选项卡或"工程图"工具栏上的"剖面视图"按钮，系统显示剖面视图预览，拖动预览到所需位置，单击左键，放置视图，同时系统打开"剖面视图"属性管理器，单击"确定"，得到全剖主视图，可以修改箭头和文字，结果如图 14.25 所示。

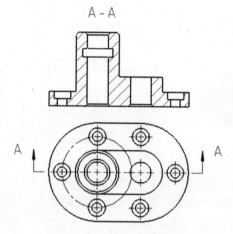

图 14.25　泵盖全剖主视图

2. 使用全剖剖切配置生成全剖视图

（1）先生成泵盖默认配置的主视图和俯视图，如图 14.26（a）所示。

（2）单击主视图，系统打开"工程图视图"属性管理器，在属性管理器的"参考配置"下拉框中选择"全剖剖切"，主视图变为图 14.26（b）所示图形。

（3）单击"注解"选项卡上的"区域剖面线/填充"，为剖面区域填充剖面线，如图 14.27 所示。

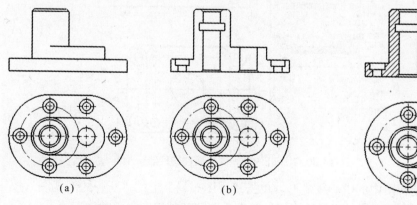

图 14.26　改变配置　　　　　　　　　　　图 14.27　填充剖面线

14.3.3 半剖视图的生成

【例 14.8】 生成如图 14.28 所示"支架"的半剖主视图和半剖俯视图。

1. 使用"断开的剖视图"生成半剖视图

（1）先生成支架的主视图和俯视图，如图 14.29（a）所示。

（2）在主视图上绘制通过左右对称线的矩形，在俯视图上绘制通过前后对称线的矩形，如图 14.29（b）所示。

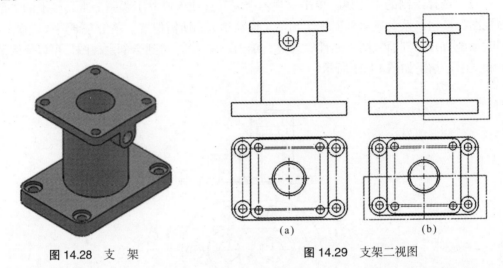

图 14.28 支 架

图 14.29 支架二视图

（3）选择主视图中的中心线矩形，单击"视图布局"上的"断开的剖视图"按钮，系统打开"断开的剖视图"属性管理器，要求为断开的剖视图指定剖切深度，选择俯视图中的圆，如图 14.30 所示。单击"确定"，得到主视图的半剖视图，如图 14.32 所示。

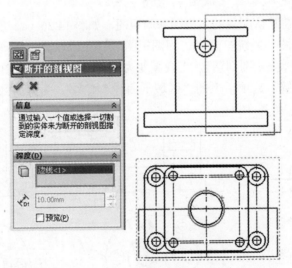

图 14.30 "断开的剖视图"属性管理器

（4）选择俯视图中的中心线矩形，单击"视图布局"上的"断开的剖视图"按钮，系统打开"断开的剖视图"属性管理器，要求为断开的剖视图指定剖切深度，选择主视图中的圆,如图 14.31 所示。单击"确定",得到俯视图的半剖视图,如图 14.32 所示。

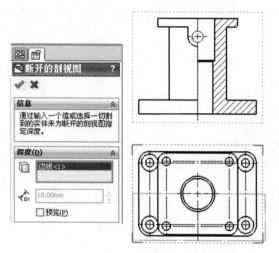

图 14.31 "断开的剖视图"属性管理器

（5）选择主视图左右对称线的线条,右键单击,选择"隐藏 / 显示边线",隐藏该边线,然后绘制一条中心线,结果如图 14.32 所示。

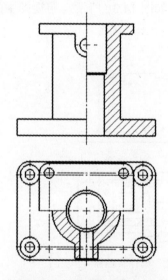

图 14.32 支架半剖视图

2. 使用半剖剖切配置生成半剖视图

（1）先按默认配置生成支架的二视图,如图 14.29（a）所示。

（2）单击主视图,在"工程图视图"属性管理器中,将配置改为"主视图半剖剖切";单击俯视图,将配置改为"俯视图半剖剖切",得到剖切后的视图。在剖面区域填充剖面线,然后隐藏主视图左右对称线和俯视图前后对称线,最后绘制中心线,得到如图 14.32 所示剖视图。

14.3.4 局部剖视图的生成

【例 14.9】 生成如图 14.33 所示"箱体"的局部剖主视图和局部剖俯视图。

1. 使用断开的剖视图生成局部剖视图。

（1）先生成箱体的二视图，如图 14.34（a）所示。然后绘制三条样条曲线，如图 14.34（b）所示。

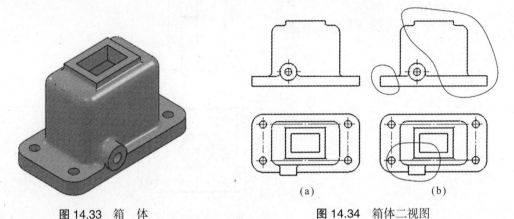

图 14.33 箱 体　　　　　图 14.34 箱体二视图

（2）选择主视图上的样条曲线，如图 14.35 所示，然后单击"断开的剖视图"，箱体打开"断开的剖视图"属性管理器，要求指定剖切的深度，这里输入 20，勾选"预览"，图形区显示剖切预览，如图 14.36 所示，俯视图中的黄线表示剖切的位置，如果剖切位置不合适，修改数值。单击"确定"。

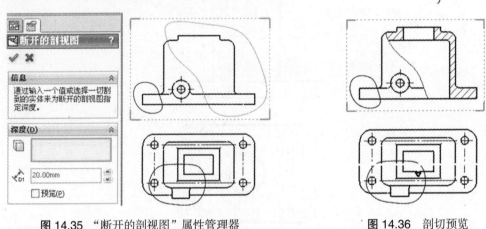

图 14.35 "断开的剖视图"属性管理器　　　　图 14.36 剖切预览

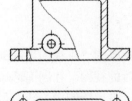

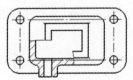

图 14.37 箱体的局部剖视图

对主视图左侧的局部剖，单击左侧的样条曲线，然后单击"断开的剖视图"，剖切面深度选择俯视图里前面的小圆即可。

对俯视图的局部剖，剖切面深度选择主视图上的圆即可。最后结果如图 14.37 所示。

2. 使用局部剖剖切配置生成局部剖视图

（1）先按默认配置生成箱体的二视图，如图 14.34（a）所示。

（2）选择主视图，改变主视图配置为"主视图局部剖剖切"；单击俯视图，改变配置为"俯视图局部剖剖切"，得到剖切后的视图，如图 14.38（a）所示。

（3）选择波浪线，单击右键，在快捷菜单中选择线条的宽度为 0.18，如图 14.38（b）所示。

（4）为剖面区域填充剖面线。

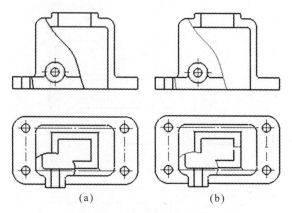

（a）   （b）

图 14.38　剖切配置的视图

14.3.5　阶梯剖视图的生成

【例 14.10】 生成如图 14.39 所示"阶梯剖零件"的阶梯剖主视图。

图 14.39　阶梯剖零件

1. 使用"剖面视图"命令生成阶梯剖视图

（1）先生成零件的俯视图，如图 14.40（a）所示，然后绘制剖切线，如图 14.40（b）所示。

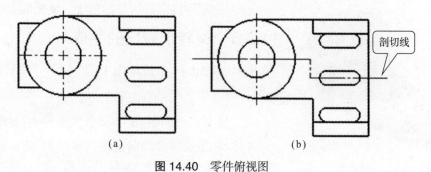

剖切线

（a）   （b）

图 14.40　零件俯视图

（2）选择绘制的剖切线，单击"剖面视图"按钮，得到阶梯剖视图，如图 14.41 所示。

（3）隐藏阶梯剖转折处的边线。

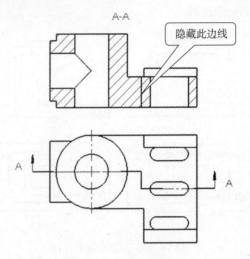

图 14.41　阶梯剖视图

2. 使用阶梯剖剖切配置生成阶梯剖视图

（1）先按默认配置生成零件的二视图，如图 14.42（a）所示。

（2）单击主视图，更改配置为"阶梯剖剖切"，如图 14.42（b）所示。

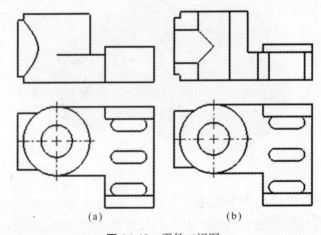

（a）　　　　　　　　　　（b）

图 14.42　零件二视图

（3）隐藏阶梯剖转折处的边线，填充剖面线。

14.3.6　旋转剖视图的生成

【例 14.11】　生成如图 14.43 所示"旋转剖零件"的旋转剖主视图。

1. 使用"剖面视图"命令生成阶梯剖视图

（1）先生成零件的俯视图，如图 14.44（a）所示，然后绘制剖切线，如图 14.44（b）所示。

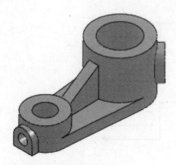

图 14.43　旋转剖零件

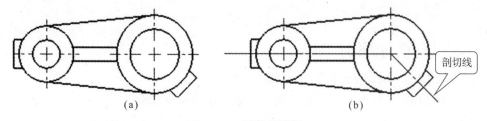

图 14.44　零件俯视图

（2）选择绘制的剖切线（先选择右侧倾斜的中心线），单击"剖面视图"按钮下拉的"旋转剖视图"，得到旋转剖视图，如图 14.45 所示。但此图有一个问题，筋应该按不剖绘制，不应画剖面线。

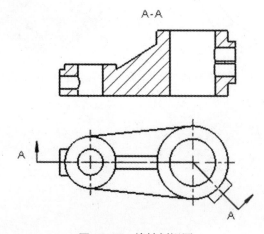

图 14.45　旋转剖视图

2. 使用旋转剖剖切配置生成旋转剖视图

（1）先按默认配置生成二视图，如图 14.46 所示。

（2）单击主视图，更改配置为"旋转剖剖切"，主视图变为图 14.47（a）所示图形。

（3）绘制筋板与底板、圆柱的分界线，然后填充剖面线，如图 14.47（b）所示。

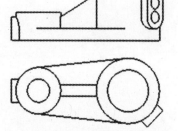

图 14.46　默认配置的视图

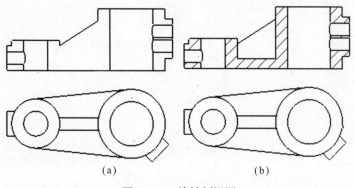

图 14.47　旋转剖视图

思考与练习

1. 生成如图 14.48 所示切割圆柱体的工程图。
2. 生成如图 14.49 所示机件的工程图，主视图作全剖视图。

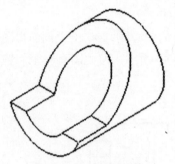

图 14.48 切割圆柱体

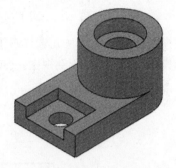

图 14.49 零件模型

第15章

装配体

装配是将各种零件模型插入到装配体文件中，利用配合方式来限制各个零件的相对位置，使其构成机构的某一部分（称为子装配），或直接配合成一个完整的机器。

装配体设计有两种方法："自下而上"设计方法和"自上而下"设计方法。

"自下而上"设计方法是比较传统的设计方法。在"自下而上"设计中，先分别设计好各零件，然后将其逐个调入到装配环境中，再根据装配体的功能及设计要求对各零件之间添加约束配合。若想更改零件，必须单独编辑零件。这些更改可以在装配体中看见。

"自上而下"设计方法是指直接在装配环境中建立各个零件，然后再插入到装配体中进行组装。

目前通常使用的装配设计方法是"自下而上"，因此本章主要对此种方法进行介绍。

15.1 进入装配体界面

进入装配体界面有两种方法。

第一种是新建文件时，在弹出的"新建 SolidWorks 文件"对话框中选择"装配体"，单击"确定"按钮，即可新建一个装配体文件。

第二种是在零件界面，选择"标准"工具栏上的"从零件 / 装配体制作装配体"，或单击菜单"文件">"从零件制作装配体"，就切换到装配体界面。

装配体的工作界面与零件的工作界面基本相同，只是在特征管理器设计树底端出现一个"配合"文件夹，左侧显示"装配体"工具栏。

15.2 装配体的基本操作

装配体设计的基本操作步骤如下：

（1）设定装配体的第一个零部件，它的位置在装配体中是固定的，为固定零件。

（2）将其他零部件调入装配体界面，这些零件未指定装配关系，可以随意移动和转动，为浮动零件。

（3）为浮动零件添加配合关系。

（4）根据装配需要重复（2）、（3）的操作，直到完成所有零、部件的装配，形成完整的装配体。

15.3　插入一般零部件

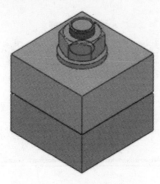

图 15.1　螺栓连接装配体

【例 15.1】　创建如图 15.1 所示螺栓连接装配体。

第一步，新建一个装配体文件。

单击"新建"，在弹出的"新建 SolidWorks 文件"对话框中选择"装配体"，单击"确定"按钮，系统进入装配体界面，同时打开"开始装配体"属性管理器，如图 15.2 所示。

第二步，装入第一个零件。

单击"浏览"，选择"下板"零件，在图形区单击，第一个零件"下板"即固定在装配体环境里。单击"标准视图"工具栏上的"等轴测"显示（如果"标准视图"、"标准"、"视图"等工具栏没有显示出来，要将它们调出来），下板在图形区的显示如图 15.3 所示。此时特征管理器设计树中显示固定零件"下板"和"配合"文件夹，如图 15.4 所示。

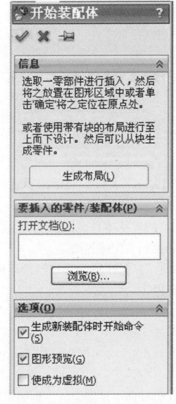

图 15.2　"开始装配体"属性管理器

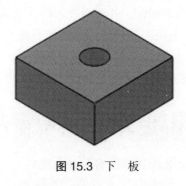

图 15.3　下　板

图 15.4　设计树显示零件和配合

第三步，插入其他零件。

单击"装配体"选项卡上的或"装配体"工具栏上的"插入零部件"，系统打开"插入零部件"属性管理器，如图 15.5 所示。

单击"浏览"，打开"上板"零件，在绘图区单击，放置上板，如图 15.6 所示。

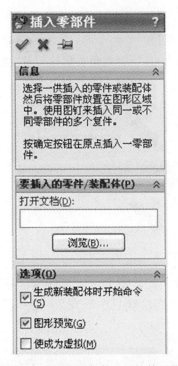

图 15.5 "插入零部件"属性管理器

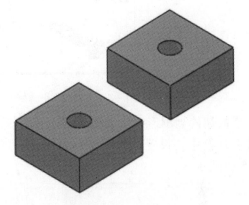

图 15.6 插入"上板"

15.4 使用 "Toolbox" 插入标准件

SolidWorks® Toolbox 包括标准零件库，与 SolidWorks 合为一体。装配体中如果要插入标准件（螺栓、螺钉、螺母等），不必自己建立这些零件模型，打开 "Toolbox" 就可以直接将它们拖放到装配体。设计库的 Toolbox 如图 15.7 所示。

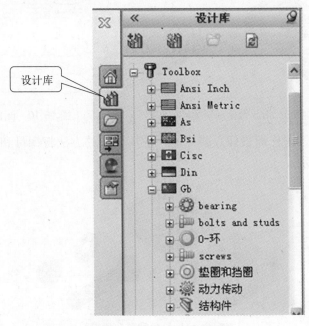

图 15.7 设计库的 Toolbox

现在继续螺栓连接装配体的操作第四步。

第四步，从 Toolbox 拖放螺栓、螺母、垫圈到装配体。

单击"设计库">"Toolbox">"Gb">"bolts and studs">"六角头螺栓"，选择"六角头螺栓 C 级 GB/T5780-2000"，如图 15.8 所示。

图 15.8　选择六角头螺栓

拖放螺栓到图形区，如图 15.9 所示。系统打开"配置零部件"属性管理器，在属性管理器中，设置螺栓螺纹为 M10、长度为 50，螺纹线显示形式为"装饰"，如图 15.10 所示。

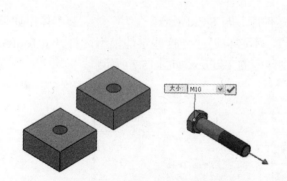

图 15.9　拖放螺栓到装配体

图 15.10　配置零部件

单击"确定"，螺栓即被插入装配体。使用同样的方法将螺母和垫圈拖放到装配体，如图 15.11 所示。

图 15.11　拖放螺母和垫圈

15.5 移动、旋转和删除零部件

15.5.1 移动和旋转零部件

当零部件插入装配体后，如果在零件名前有"（–）"符号，表示该零件可以被移动和旋转。

（1）单击"装配体"选项卡上的或"装配体"工具栏上的"移动零部件"按钮。

（2）系统打开"移动零部件"属性管理器，如图 15.12 所示。这时，选中零部件，就可以移动零部件到需要的位置。

（3）在"移动零部件"属性管理器中展开"旋转"，变为"旋转零部件"属性管理器，反之亦然。

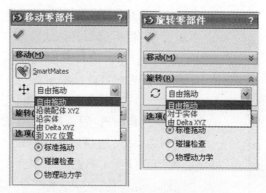

图 15.12 移动和旋转零部件属性管理器

现在继续螺栓连接装配体的操作第五步。

第五步，移动和旋转螺栓、螺母、垫圈，使它们处于容易安装位置。

单击"装配体"选项卡上的"移动零部件"按钮，旋转和移动螺栓螺母垫圈，如图 15.13 所示。

图 15.13 旋转和移动零件

15.5.2 从装配体中删除零部件

（1）在图形区或在特征管理器设计树中单击零部件。

（2）按 Delete 键或选择下拉菜单"编辑"＞"删除"命令，或右键单击，在快捷菜单中选择"删除"命令。

（3）系统打开"确认删除"对话框，单击"是"确认删除。

15.6 配合方式

图 15.14 "配合"属性管理器

配合在装配体零部件之间生成几何关系。添加配合即定义了零部件的线性或旋转运动所允许的方向。

15.6.1 添加配合关系

单击"装配体"选项卡或"装配体"工具栏上的"配合"按钮，系统打开"配合"属性管理器，如图 15.14 所示。

配合有"标准配合"、"高级配合"和"机械配合"三种配合类型。每一种配合类型中又包含几种配合方式。SolidWorks 中提供如下标准配合方式。

"重合"：将所选面、边线及基准面定位（相互组合或与单一顶点组合），这样它们共享同一个无限基准面。定位两个顶点使它们彼此接触。

"平行"：放置所选项，使它们彼此间保持等间距。

"垂直"：将所选项目以 90°相互垂直定位。

"相切"：将所选项以彼此间相切而放置（至少有一选择项必须为圆柱面、圆锥面或球面）。

"同轴心"：将所选项放置于共享同一中心线。

"锁定"：保持两个零部件之间的相对位置和方向。

"距离"：将所选项以彼此间指定的距离而放置。

"角度"：将所选项以彼此间指定的角度而放置。

现在继续螺栓连接装配体的操作第六步。

第六步，添加零件间的配合关系。

单击"装配体"选项卡的"配合"按钮，系统打开"配合"属性管理器。

（1）为上下板之间添加配合（重合、同心、重合）。

选择下板的顶面和上板的底面，两个平面显示在属性管理器的"配合选择"框格中，如图 15.15 所示，同时弹出带有一被选择的默认配合的"配合"工具栏，且零部件移动到位显示预览配合，如图 15.16 所示。

图 15.15 "配合"属性管理器

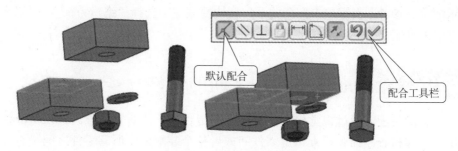

图 15.16 添加"重合"配合

单击"确定"按钮，完成一项配合。它显示在"配合"属性管理器的"配合"框格中，如图 15.17 所示。

同样的方法为两个圆柱孔添加"同心"配合，为两个平面添加"重合"配合，如图 15.18 所示，这样就使上、下板完全约束。

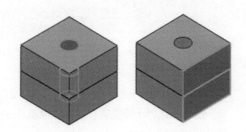

图 15.17 重合显示在配合里　　　　图 15.18 添加同心和重合配合

（2）为螺栓和板添加配合（同心、重合），如图 15.19 所示。

（3）为垫圈和板添加配合（同心、重合），如图 15.20 所示。

（4）为螺母和垫圈添加配合（重合、同心）。

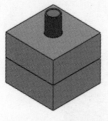

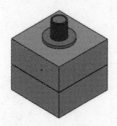

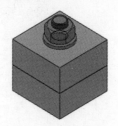

图 15.19 安装螺栓　　　　图 15.20 安装垫圈　　　　图 15.21 安装螺母

15.6.2 修改配合关系

在特征管理器设计树中展开"配合"文件夹，分别单击不同的配合，可以在图形

区显示配合的参考，右键单击配合关系，在快捷菜单中选择"编辑特征"，可以在属性
管理器中更改配合关系或修改配合关系的参数。

15.7 检查装配体零部件之间的干涉

对复杂的装配体通过视觉检查零部件之间是否有干涉非常困难。SolidWorks 中可
以利用"干涉检查"命令检查指定零件间或者整个装配体中所有零件之间是否存在干
涉情况。操作步骤如下。

（1）单击"装配体"工具栏上的"干涉检查"或单击菜单"工具">"干涉检查"。
系统打开"干涉检查"属性管理器，如图 15.22 所示。

（2）在"干涉检查"的属性管理器中进行选择并设定选项。本例选择"螺栓连接"
整个装配体。图形区显示如图 15.23 所示。

图 15.22 "干涉检查"属性管理器

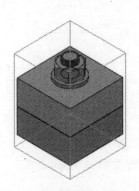

图 15.23 干涉检查范围

（3）在所选零部件下，单击计算。本例检查结果如图 15.24 所示，出现干涉的部分
呈透明显示，如图 15.25 所示。

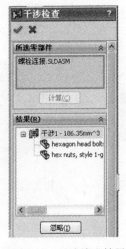

图 15.24 干涉检查结果

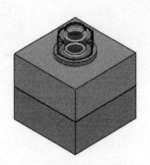

图 15.25 干涉部分透明显示

如果检查发现干涉，就要对有关零件进行编辑。但有些干涉对于装配是不重要的，可以忽略，如本例螺母和螺栓螺纹部分的干涉可以忽略。

15.8 装配体爆炸视图

在实际的设计和生产中，经常需要将装配体中的零部件分离，以直观地表达它们之间的相对位置和装配关系。SolidWorks 提供的装配体爆炸视图生成功能，可以方便地分离装配体中的零部件以方便查看。

1. 自动爆炸视图

单击"装配体"选项卡或"装配体"工具栏上的"爆炸视图"，或单击下拉菜单"插入">"爆炸视图"，系统打开"爆炸"属性管理器，如图 15.26 所示。

在绘图区选择整个装配体，所有零部件显示在属性管理器的"设定"框格中，在"爆炸距离"选择 30，单击"完成"，生成自动爆炸视图，如图 15.27 所示。

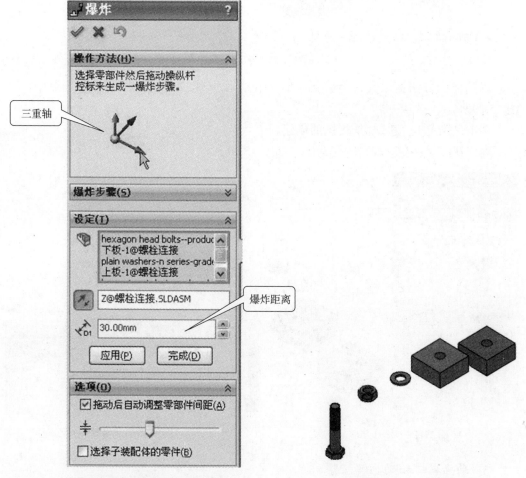

图 15.26 "爆炸"属性管理器　　　　图 15.27 自动爆炸视图

生成自动爆炸视图后，单击某一零件，三重轴显示在该零件上，拖动三重轴臂杆可以移动到其他位置。

2. 手动生成爆炸视图

单击"爆炸视图",系统打开"爆炸"属性管理器,如图 15.26 所示。

在图形区单击螺母,三重轴显示在其上,如图 15.28(a)。

单击向上的箭头,向上拖动螺母,如图 15.28(b)。

再单击螺母,重新显示三重轴,单击向左的箭头,向右拖动螺母,如图 15.28(c)所示。

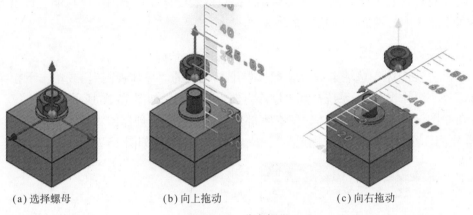

(a)选择螺母 (b)向上拖动 (c)向右拖动

图 15.28 分离螺母

以同样的方法拖动其他零件到适合的位置,爆炸步骤显示在属性管理器中,如图 15.29 所示。

单击"确定",完成爆炸视图的创建。

爆炸视图保存在生成它的配置中,如图 15.30 所示。

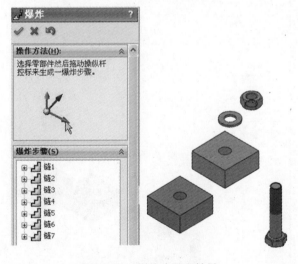

图 15.29 爆炸步骤和结果

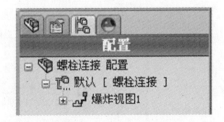

图 15.30 "爆炸视图"配置

3. 动画爆炸和动画解除爆炸

右键单击"配置"管理器中的"爆炸视图 1",弹出快捷菜单,选择其中的"动画爆炸",系统以动画的形式播放分离零件的步骤,并弹出"动画控制器",如图 15.31 所示。

图 15.31　动画控制器

在图形区显示"爆炸视图"时，右键单击"配置"管理器中的"爆炸视图1"，弹出快捷菜单，选择其中的"动画解除爆炸"，系统以动画的形式播放解除爆炸步骤。

使用"动画控制器"还可以保存动画爆炸和动画解除爆炸成视频格式，到视频播放器上播放。

15.9　装配体的工程视图

（1）先生成螺栓装配体的俯视图，然后绘制一条剖切线，如图 15.32 所示。

（2）选择剖切线，单击"剖面视图"，系统打开剖面视图的"剖面范围"对话框，选择剖视图中按不剖绘制的零件，螺栓连接中选择螺栓、螺母、垫圈，将它们排除在剖切范围之外，如图 15.33 所示。如有必要，选择"反转方向"。

（3）单击"确定"，得到装配体的二视图，如图 15.34 所示。

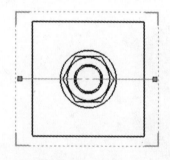

图 15.32　装配体俯视图

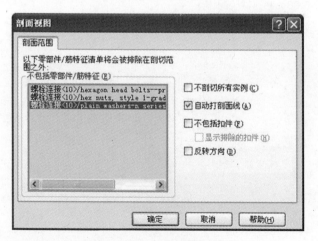

图 15.33　剖切范围对话框

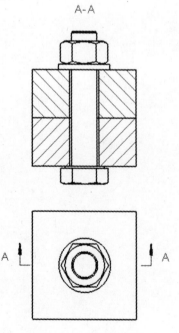

图 15.34　装配体视图

思考与练习

1. 根据滑轮架各零件创建其装配体，如图 15.35 所示。

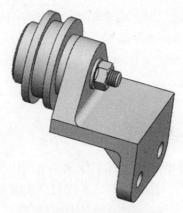

图 15.35　滑轮架装配体

2. 根据给出的减速器零件创建其装配体，如图 15.36 所示。

图 15.36　减速器装配体